先生、犬にサンショウウオの捜索を頼むのですか！

［鳥取環境大学］の森の人間動物行動学

小林朋道

築地書館

はじめに――私が一時的に〝悟り〟を開いた日

今、二〇一七年二月だ。

今年の冬は私にしてはめずらしく体調が悪くなかったので、この「はじめに」もちょっと前向きな内容になりそうだ。

「はじめに」ということでもあるし、今年のはじめ、つまり、一月のある出来事からお話ししよう。それは名づけて「私が一時的に〝悟り〟を開いた日」とでも言えばよいだろうか。

正月休み明けの最初の日、その日は火曜日だった。でも私の脳は、じつにけしからんことに、休み明けの日は月曜日だ、と思っていたらしく、「今日は講義はない（会議もない）、たまりにたまった仕事を片付けよう」と、デスクワークに集中していた。

そしたら午後三時ごろ、研究室のドアを叩く音がし、動物好きのTくんが入ってきた。そして言うのだ。

「先生、講義、どうなっているのですか。みんな、待っていますよ」

少々あわてた様子に見えるTくんの言動を冷静に見聞きした私は、持ち前の、回転の早い脳で状況を判断し、慎重に（恐る恐る、とも言う）聞いてみたのだ。

「えー、その、なんだ、………今日は何曜日だね？」

するとTくんが、（遠慮というものを知らないのだろうか）はっきり答えたのだ。

「今日は火曜日です」


それからのことはちょっと覚えていない。思い出したくない。「そっとしておいて」………みたいな。

ただし、これだけははっきり言っておきたい。確かに私は講義に遅れた。でも遅れたけど、しっかりと講義はやりきって研究室に帰ってきた。そして、ゲジゲジとヤマトシロアリとホンヤドカリとオカヤドカリとハツカネズミと簡単に会話をして（この点についてはあとでまたお話しする）心の平静を取りもどして、再びデスクワークに取りかかったのだ。


そして、次の火曜日のことである。私くらいになると一度失敗したことは、それ以後は、ほとんど繰り返すことはない。講義があることをしっかりと認識し、その準備をしたのだ。

さて、準備のなかには前の講義で受講生（一六〇人くらい）が書いた感想・質問用紙を一枚一枚チェックする（答えが必要なものをピックアップする）作業があった。その作業のときであった。私はある用紙に書かれていた文章に目が釘づけになった。そこにはこう書かれていた。「授業には遅れず来てください。ワクワクして待っているので」（そのあとに続けて、「フォーカル・ジストニアは社会不安性障害の一つですか」とも書かれてあった）

ジストニアについては知っていたが、それはさておき、その文章の前にある、「ワクワクして待っているので」……なんとも心憎い殺し文句！

私は準備を急いで終わらせ、授業開始一〇分前に勇んで講義室へ向かったのだ。

ところがだ。講義室への道すがら、私は再び、心憎い殺し文句に出合うことになるのだ。

私は生来、〝整理〟ということが苦手であり、そういうこともあって、授業で必要と思われるものをすべてカゴ（スーパーに置いてあるあのカゴである）に入れて持っていく。

その日は結構カゴが重くなり、いかにも、重〜〜〜い、という感じで廊下を歩いていたのだろう。

すると後ろから来た学生（私の記憶のなかにない学生だった）が声をかけてくれたのだ。

「先生、こんにちは。荷物、持ちましょうか！」

「ああっ、いや、どうもありがとう」と答えた私のその心は、とても晴れやかだった。そして、ほどなく、これまで六〇年近く生きてきた人間として、一つの〝悟り〟のようなものが、すっきりと、静かに脳に浮かび上がってくるのを感じたのだ。

私は、授業が始まってから、質問への答えをしゃべりながら、さっき感じた〝悟り〟のようなものについて話したくなった。そのきっかけになった出来事とともに。

話の内容は、かいつまんで言えば次のようなことだ。

「人生は大きな苦と小さな喜びの連続だ。そしてそのなかで、人はどう生きるべきか？についても、みなさんも一度は考えたことがあるだろう。

私は今日、二つの出来事に遭遇し、まー、悟ったね。人生は複雑だけれど、でも要は簡単だ。

………（ここで〝二つの出来事〟を紹介した）………。

苦しいときは仕方がないけれど、可能なときには相手と自分がうれしさを感じられることをすればいい。人生のなかでそれをできるだけ多くやって、死ねばいいんだ（ちなみに、このような生き方は、動物行動学的知見から考えたとき、生存・繁殖に有利な生き方とおおむね一致する)」

　さて、唐突で恐縮だが、ここで場面は一転し、ゲジゲジとヤマトシロアリとホンヤドカリとオカヤドカリとハツカネズミの話になる。

　私が、大学のなかで何か特別緊張した時間をもったときなど、研究室にもどって私の心を癒やしてくれる、冒頭でちょっと紹介した動物たちの話だ。

　まずはゲジゲジの話からだ。

　ゲジゲジ？　なんでそんな嫌な虫の話からなの、と思ってはいけない。一度、ゲジゲジと正面から、心を開いて向き合ってみよう。きっと、見えてくるものがあるはずだ。少なくともゲジゲジの正面から見た顔が(アタリマエジャ)。

　昨年の一一月の終わりだった。

　一匹の小さいゲジゲジ(正式和名はゲジ)が、本棚の前でじっと静かに立っていた(座っていた？　よくわからない)。いかにも寒そうだった。

　そうそう、言うのを忘れていたが、わが公立鳥取環境大学は、昨年九月に、実験研究棟が完成し、環境学部の実験系の教員（私もその一人）の研究室は、もとの教育研究棟から実験研究棟に移されたのだ（私の引っ越しは、もう、大～～～変だった。二度ほど死んだ）。

つまりとても新しい研究室になったというわけなのだが、そこへ、小さなゲジが入ってきて心細そうに、寒そうにしていたというわけだ。

こんなとき、みなさんならどうされるだろうか。

少なくとも私には、「出て行ってね」とは口が裂けても言えなかった。

とりあえず、喉《のど》が渇いているにちがいないと思い（何せ、新しい部屋だ。ゲジが飲める水などなかったにちがいない）、ティッシュペーパ

11月の終わり、1匹のゲジが新しい研究室の本棚の前でじっとしていた。寒空のなか、出て行ってね、とは言えず春まで飼うことにした

ーに水を含ませて口のところに持っていってやった。

もちろん私の推察に狂いはない。ゲジはティッシュペーパーにかじりついた。

そうなると次は餌と棲《す》みかのことを考えてやろうというのが親心というものだろう。

私は金魚の餌と、引っ越しで持ってきた石（石だ）を、ティッシュペーパーにかじりついているゲジのそばに置いてやった。

ちなみに、その石は、「先生！シリーズ」第一巻に出てくる「化石に棲むアリ」で語られている石だ。木の枝が化石化してくっついている石のなかに、なんとアリが巣をつくっていたという感動的な話だったが、その石は、一〇年の年月を経て（引っ越しがなかったら部屋の書類

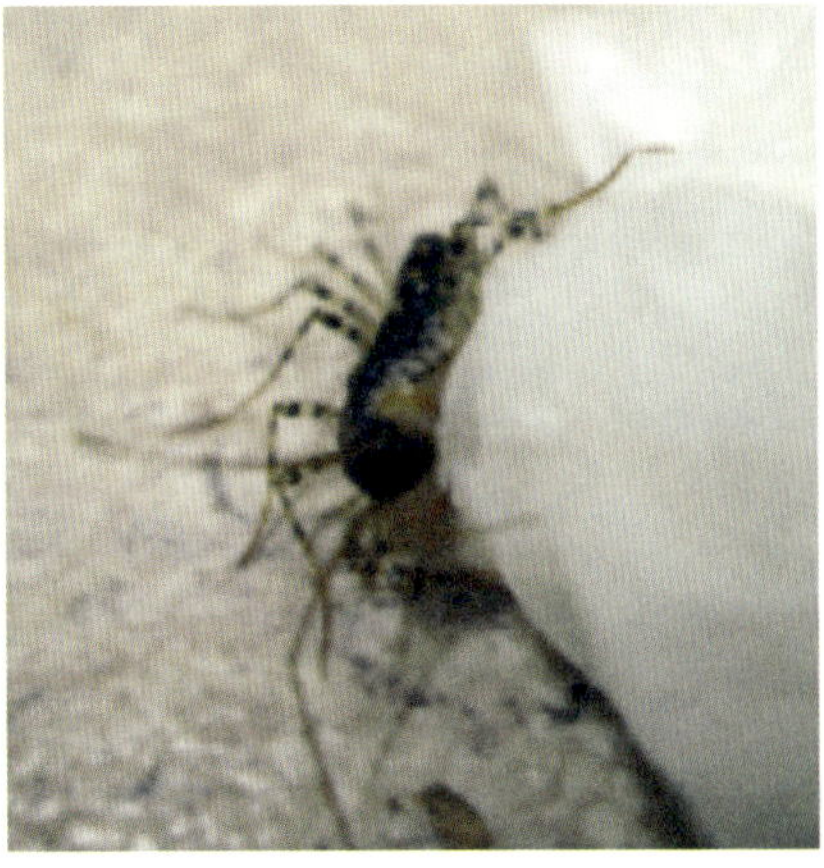

水を含ませたティッシュペーパーを口のところに持っていくとゲジはかじりついた（右）。そして棲みかとして石を置いてやった（左）

の山のなかに埋まったままだっただろう)、新しい研究室に運ばれてきていたのだ。

その後、ゲジは私の研究室で、少なくとも日中は石の下でリラックスして暮らしている。春になったら外へ出してやろうと思っている。

ここにも、「可能なときには相手と自分がうれしさを感じられることをすればいい」という悟りの精神がしっかり息づいている。


次はヤマトシロアリだ(家を破壊するイエシロアリとは違う)。

ヤマトシロアリは、私が、学生実験などで使ったりする動物で、もうつきあいは一〇年以上になる。

いろいろとお世話になっている動物でもある

10年以上のつきあいになるヤマトシロアリ。時々実験に参加してもらっている。その生態と行動は奥深く、興味はつきない

し、その生態や行動はとても奥が深い動物でもあるのでもっともっと理解を深めようと、さらには、彼らを対象にした今以上によりよい実験を考案しようと、研究室に置いて日夜、交流を続けているのだ。

　シロアリがつくる〝蟻道《ぎどう》〟にもいろいろ興味をそそられ、飼育用の容器のなかに蟻道をつくらせている（つくらせるにはちょっとコツがある）のだが、最近、驚いたのは、彼らが、飼育容器の隙間から、なんと中空に（！）一五センチ近い高さの蟻道をつくったことだ。

　おそらく口から出す粘液で砂の粒を固めてつくっているのだろうが、何がきっかけになって中空へ（！）のばしはじめるのだろうか。

「オレよー、広いところが好きだから。みんな、

飼育容器のなかにつくらせたヤマトシロアリの蟻道（右）。あるとき驚いたことに、15cm ほどの高さの蟻道を中空につくった（左）

一緒にやってくれるか？」

……みたいなコミュニケーションがあったのだろうか。

もちろん私は、彼らの道づくりをじゃまなどせず、その空中回廊の成長を毎日見て、しばしの思索にひたっている。ここでも、「相手と自分がうれしさを感じられることをすればいい」という悟りを実践しているのだ。

次はホンヤドカリとオカヤドカリだ。

これらの動物は、本文で登場するので詳しいことは省略するが、ホンヤドカリは海水が入った水槽のなかで、オカヤドカリは、砂や板が敷かれた容器のなかで、それぞれ、独特の行動を見せて私の心を元気づけてくれるのだ。

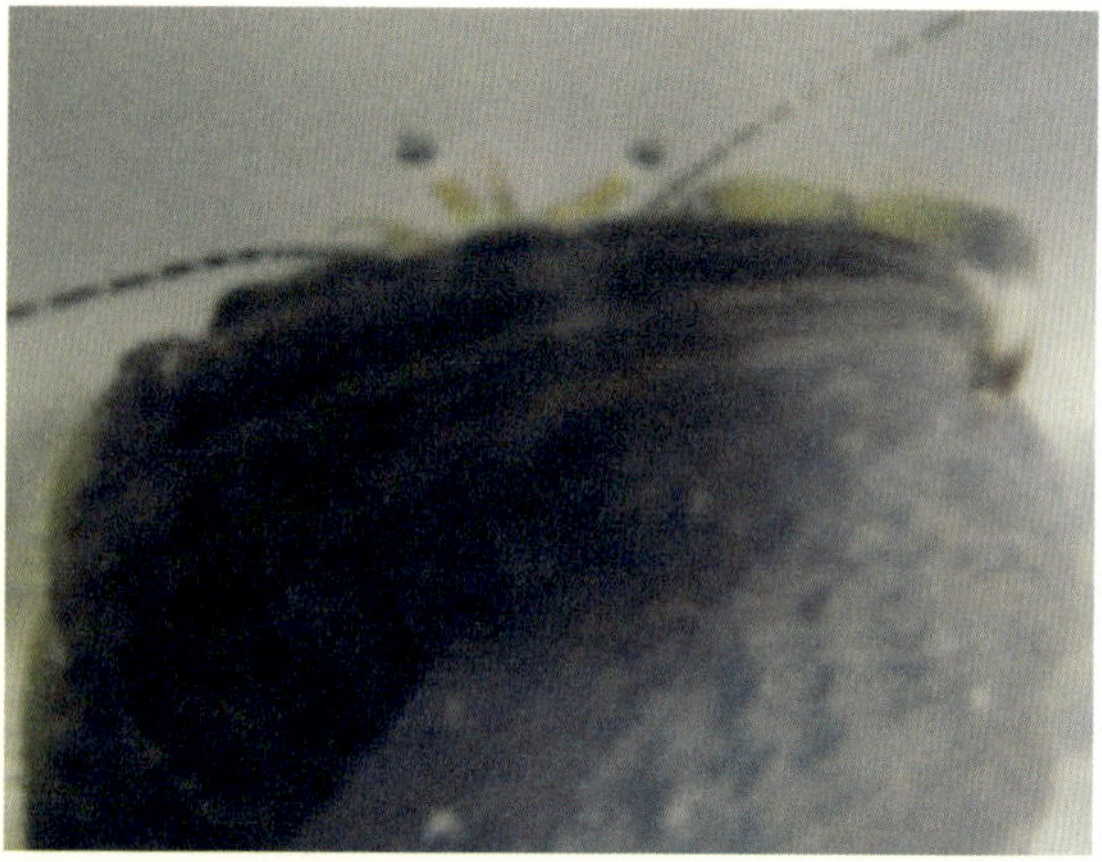

こちらはホンヤドカリ。海水の入った水槽のなかで暮らしている

今、ヤドカリを対象にして調べてみたいと思っていることをちょっとだけお話ししたい。それは、ヤドカリたちの「認知世界」についてだ。

われわれホモ・サピエンスは、今、読者のみなさんが周囲を見わたしたり、今日あった出来事を思い出したりしたときに感じる認知世界のなかで生きている。

では、ヤドカリたちはどんな世界のなかで生きているのだろうか。ヤドカリたちは、自分たちが背負っている貝殻や、仲間（同種のヤドカリ）のことをどんなふうに感じて生きているのだろうか。自分の貝殻より、仲間が背負っている貝殻がほしくなったりすることはあるのだろ

こちらはオカヤドカリ。海岸の陸地で生活しているので、水槽には砂や板を入れている

うか（それは貝殻の何を見てそう感じるのだろうか）、何度も出合う相手のことを別々にちゃんと覚えて生活しているのだろうか（これを個体識別という）………みたいな。

ヤドカリたちは、そんなことを感じさせてくれる、また、そういったことを調べたいなと思わせてくれる動物なのである。

最後はハツカネズミだ。

ハツカネズミもゲジと同じく、昨年の暮れ（一二月）に、新しい研究室に入ってきた。

気温が急に下がった日だ。

ゲジもそうだったが、ハツカネズミも〝大人〟ではなく、〝青年〟だった。

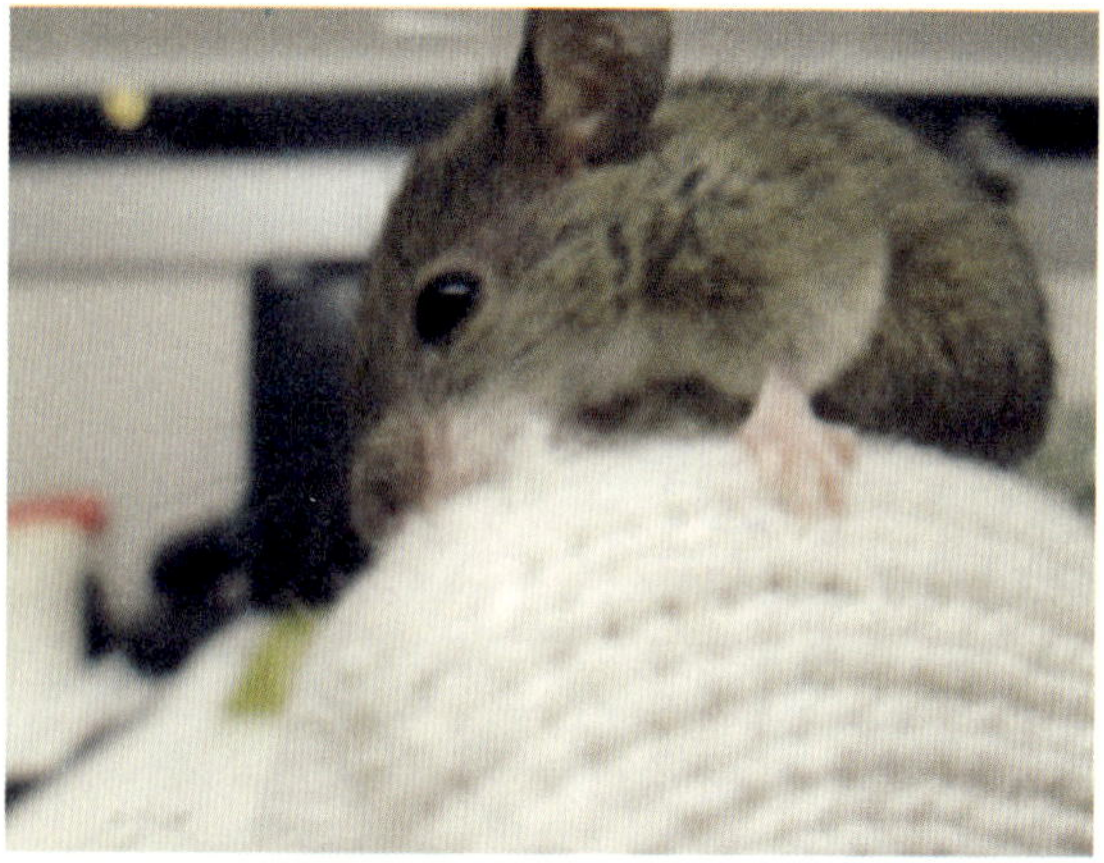

12月、研究室に現われたハツカネズミ。最初は逃げまわっていたが、私のことがわかってきたのか、私のまわりを徘徊するようになった

どこから入ってきたのかわからない。

最初は部屋のなかを逃げまわっていたが、そのうち私の人柄がわかってきたのか、怖がる様子もなく私の近くを徘徊するようになった。

寒い野外に放り出すのも忍びなく、最初は自宅に連れて帰るつもりでいたが、いろいろ考えて、研究室で春まで面倒を見ることにした。

なかなかかわいいネズミで、デスクワークをしていてふと目を上げると、その子があどけない目でこちらを見ているではないか。このチビネズミのためにバナナやチーズまで買ってくるようになってしまった。

結局、一二月から翌年、つまり今年の一月まで世話をして、暖冬だったので春を待たず大学

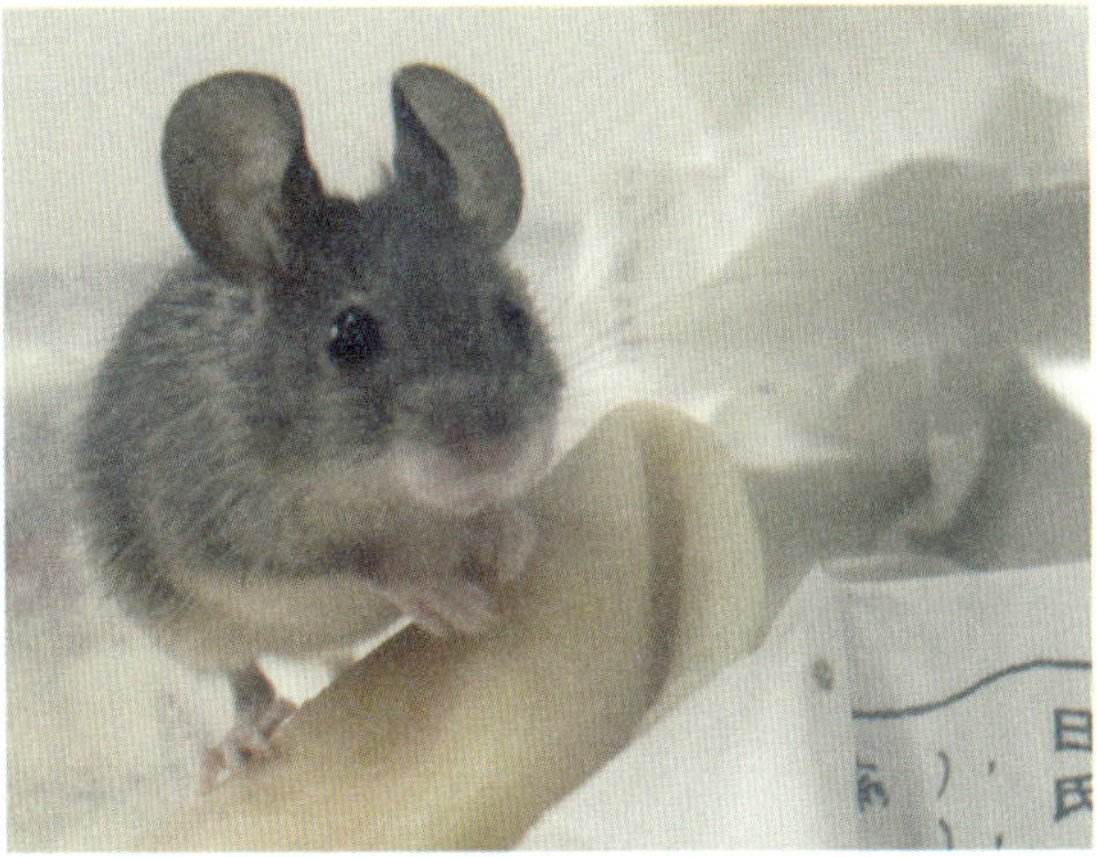

デスクワークに疲れ、ふと目を上げると、あどけない目でこちらを見ていた。ついついバナナやチーズを買ってくるはめに……

の裏山に放してやった（基本的には、野生の鳥獣の飼育には、都道府県などの関係機関からの許可が必要なのだ）。

人家に侵入して住みつくこともあるが、基本は里山の草地などで暮らすネズミであり、大学の裏山でしっかり生きていくだろう。アカネズミたちと共存して。

元気でね！


さて、悟りの話にもどろう。

悟りと言えば、仏陀だろう。

ところで、仏陀によって開かれた仏教をはじめとしたインド哲学の思想のなかには、「輪廻転生」がある。死は終わりではなく、次は別な生命体としてこの世に生まれ変わってくるという考えだ。

この考えによれば、私は、現在、ホモ・サピエンスとして生きているが、死後はゲジとして生まれ生きていくかもしれない。いや、ひょっとしたら海のなかでホンヤドカリとして生きるかもしれない。かなり塩辛い環境だろう。いやいや、ひょっとしたらハツカネズミという可能性だってなくはない。そのとき、現在の私のような、動物にやさしいホモ・サピエンスに出合えるだろうか（まし、〝私〟には、正直、会いたくないような気もするが）。

一方、私が学生に話した〝悟り〟は、

「苦しいときは仕方がないけれど、可能なときには相手と自分がうれしさを感じられることをすればいい。人生のなかでそれをできるだけ多くやって、死ねばいいんだ」

だった。そういう生き方をしたほうが、結局、自分の充実感や成長も大きいではないか。


私は輪廻転生は信じない。でも動物たちの多くが意識をもつことは（〝意識〟といってもホモ・サピエンスの意識の感じとは同じではないが）確かだと思っている。

そして、私の最近の価値観は、もちろん「人」が一番大切だが、人以外の動物の〝うれしさ〟も含めて自分の生き方を考えて生きたい、という方向に、今まで以上に傾いている。

つまり、「………可能なときには相手と自分がうれしさを感じられることをすればいい。………」の〝相手〟を人以外の動物にも広げたいということだ。

もちろん世界では、飢餓や紛争によって命を落としている人がたくさんいる。そしてそのことも承知のうえで、そう思っている。というか、だからこそ、よけいにそう思うのかもしれない。

最後に、私のゼミで最近起こった、人と動物をめぐるちょっとした事件を（こんな楽しさを味わえることに感謝しながら、また、生物への思いを通して私ができることに思いをめぐらせながら）、お話しして終わりにしたい。

今、四年生（この本が出版されるころには卒業しているはず）のＹｂくんが、何を思ったのか「ヘビを飼いたい」と言い出した。そして、ヘビのことにかけてはちょっと詳しい二年生のＷくんにアドバイスを求めたらしい。

Ｗくんは、そのころキャンパス北の大学林で捕獲し家で飼育していたシマヘビを、Ｙｂ先輩のために提供することになったらしい（もちろんＷくんはほかにもいろいろなヘビや小動物を飼育していた。そして、Ｗくんは、動物の飼育が……確かにうまい！）。そしてシマヘビの〝引き渡し〟は、ゼミ室で粛々と行なわれ、その後シマヘビは、ＷくんによるＹｂくんへの実地飼育研修もかねて、ゼミ室にしばらく置かれることになったらしい。

事件が起きたのはそれから一週間ほどたったころだっただろうか。

次ページのような衝撃のニュースがゼミ生のＬＩＮＥ（私も入っている）を駆けめぐった。

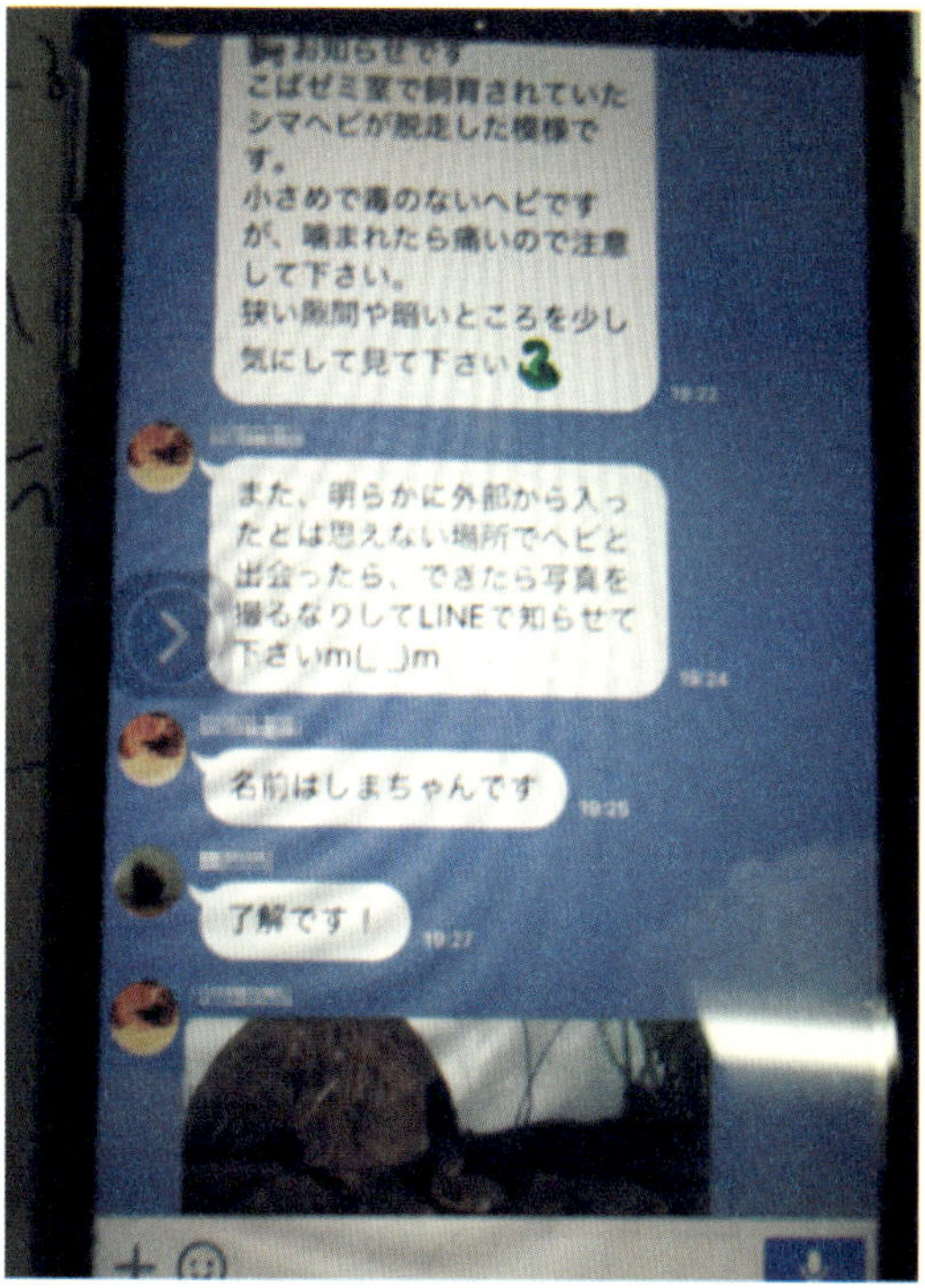
こばゼミ室で飼育されていたシマヘビが脱走した模様です。小さめで毒のないヘビですが、噛まれたら痛いので注意して下さい。狭い隙間や暗いところを少し気にして見て下さい
また、明らかに外部から入ったとは思えない場所でヘビと出会ったら、できたら写真を撮るなりしてLINEで知らせて下さいm(_ _)m
名前はしまちゃんです
了解です！

ほーっ、名前は「しまちゃん」と言うのか………そんなことはどうでもいい！

これはまずい。

それがまず一番に私が思ったことだ。

もしヘビがゼミ室から外へ出て、廊下をニョロニョロ這っているときにヒトと出合ったら………。小さいとはいえ一メートルは超えるヘビだ。

それでなくても何かと私に関係する動物たちが問題を引き起こしている昨今だ（ほんとうは昨今だけではなくて大学創立からず――っとだけど）。それに、ゼミ室であろうが、廊下であろうが、基本的には乾燥した環境下で、しまちゃんはそんなには長くは生きられない。

学生も私もゼミ室を探しまわった。でも、しまちゃんの姿を発見することはできなかった。

そして、日一日と時は過ぎ、二週間近く過ぎたころだった（正直なところ私はもう、しまちゃんは逝《い》ってしまったのではないかと思っていた）。再びニュースがＬＩＮＥを駆けめぐった。

「しまちゃんが見つかりました！」

教育研究棟の二階と三階の踊り場の手すりに巻きついていたという（踊り場でポールダンス

でもしたかったのかもしれない)。

見つけたのはYbくんと仲のよいSeくんだった。

ただし、「よかった、よかった!」の言葉がLINE上を躍るなか、私はいつものとおり冷静だった。

大事なことは、もうこういうことを繰り返さないことだ。Ybくんに、「どこが悪かったのかしっかり原因を見つけて、今後、こんなことが繰り返されないように」と、ビシッと諭すように言ったのだった。

しかしだ。世の中、何が起こるかわからないものだ。

その数日後、出勤し仕事を始めようとしていた私の研究室を、隣の研究室のT先生が訪ねてこられて、言われたのだ。

「廊下にヘビがいたのですが、先生のところのヘビではないですか」

こういうことだったらしい。

二階に研究室があるK先生が一階の廊下を歩いていたら、一匹のヘビがニョロニョロと這っていたらしい。K先生は勇敢にもそのヘビを確保し、倉庫のなかのバケツに入れ、(急ぎの用事があったのだろう）T先生にあとをまかせて研究室にもどられた。その際、小林が怪しい、ということになったのだろう。

その話を聞いたとき私が瞬間に思ったことは、………Ybくんの飼育容器の管理にまた抜けがあり、しまちゃんが脱出したのではないか。あれだけ言ったのに………だった。

でもその直後、ヘビに近づいた私は、それが「しまちゃん」ではないことを確信した。なぜならそれはシマヘビではなくアオダイショウだったからである。それも、とてもなじみのある顔のように見えた。

そう、それは私が実験用に研究室で飼育しているヘビのアオちゃんだったのだ。

そして心に固く誓ったのだった。このことはけっして、けっして学生たちには、特にYbくんには知られてはならないと。

悟りの境地からはまだかなり離れたところにいるようだ。

動物たちは（ヒトに負けないくらい）、しばしばわれわれを前向きに元気にしてくれる。われわれのよい面を引き出してくれる。そうしてそんな前向きな時間を人生のなかで増やしていけばよいと思うのだ。

読者のみなさんが、本書のなかで（間接的にではあるかもしれないが）動物たちとふれあい、前向きに元気になっていただけたら、そして少しでも動物たちやヒトの特性に興味をもっていただけたらと思う。

読んでいただいてありがとうございます。

二〇一七年二月二四日

小林朋道

◆目次

はじめに　3

ホンヤドカリは自分の体の大きさを知っている!?　27

洞窟に落ちていたキクガシラコウモリの子どもを育てた話　59

ヤギの認知世界、イヌの認知世界
草を食べるか動物を食べるか……それが問題だ　83

帰ってきたカスミサンショウウオ
大学林につくった人工池で三年後に起こったこと　111

また飛べるようにならなきゃ野生にもどれないんだぞ！
心を鬼にした涙のコウモリ大特訓　129

大学前の交差点でアナグマの家族と出合った話
N先生は見ていた！　151

オーストラリアのフルーツコウモリ
国を超えて相互理解を深める貴重な時間をもったのだ　167

モモンガの棲む森でのゼミ合宿と巣箱の話　183

本書の登場動(人)物たち

ホンヤドカリは自分の体の大きさを知っている!?

ホンヤドカリは日本列島の岩場の海岸（日本以外では朝鮮半島と台湾）に生息する十脚目《じっきゃくもく》に属する甲殻類である。

下の写真は、ある操作をしてヤドカリに、宿《ヤド》から完全に外に出てきてもらったところである（操作の内容についてはあとでお話しする）。腹部が右巻きになっていることがわかる。これは彼らが利用する巻貝がほぼ例外なく右巻きになっているからである。つまり、巻貝が地球上に現われて広がったあとで、ヤドカリは、巻貝の構造に合わせて進化していったということである。

貝殻から出されて裸になったヤドカリは、不安そうにソワソワといった様子で容器のなかを

ある操作をして、ヤドカリに宿から完全に出てもらった

歩きまわる。無防備の体を守ってくれる貝殻を探しているのだ。

下の写真は、イシダタミという種類の巻貝に入っている大小二匹のホンヤドカリである。なぜ小さいヤドカリが大きいヤドカリの上に、あたかも人が馬を乗りこなすかのように乗っているのかはわからない。

いずれにせよ、ヤドカリは、自分の体の大きさに合った貝殻を選んでいることがわかる。

そしてゼミ生のMくんは、ホンヤドカリでこれまで誰も調べていないテーマ「ホンヤドカリは、巻貝を見るだけで（さわることなく）、その貝殻が自分の体にちょうどいい大きさかどうかを判断することができるのか」、別な表現の仕方をすれば、「ホンヤドカリは自分の体の大

イシダタミという巻貝の殻に入っている大小２匹のホンヤドカリ

きさをわかっているのか」について調べている。

みなさんはどう思われるだろうか。

ホンヤドカリは、巻貝を見るだけで（さわることなく）、その貝殻が自分の体にちょうどいい大きさかどうかを判断することができる、と思われるだろうか？　それとも、できないと思われるだろうか？

ちなみに、Mくんは、ホンヤドカリの行動と比較するために、私が大事に飼育しているオカヤドカリを使った実験も行なっている。

オカヤドカリはちょっと変わった経歴の持ち主である。

恐れ多くも「国の天然記念物」に指定されているのだが、〝ペットショップ〟で売られている。名前のとおり海岸の陸地で生活し、お腹に

オカヤドカリ。「国の天然記念物」だけれどペットショップでも売られている

抱えた子どもを放つときだけ海に入る。日本ではおもに小笠原諸島と南西諸島の海岸に見られるが、日本で繁殖して世代をつないでいるわけではないらしい。繁殖はもっと南の太平洋諸島やインド南部の海岸で行なわれ、それらが海流に乗って日本に流れつくのだろうと考えられている。

最初、日本で発見されたとき、「**おおっ、日本にオカヤドカリがいる！** これは大切にせねば」と、天然記念物に指定されたの**だが、よくよく調べてみると、**(流れつく)オカヤドカリの数は結構多かった、ということらしい。

まー、とにかくMくんは私とも相談して、このオカヤドカリについても調べているのだ。

ホンヤドカリを採集したり観察したりする、岩戸海岸。干潮時には潮だまりができ、取り残された生物たちを見るのはとても楽しい

さて、ホンヤドカリやオカヤドカリに関しての実験の結果は後ほど、じっくりご報告するとして、最初に、私がホンヤドカリを観察・採集する海岸での出来事を少しお話しさせていただきたい。

それは鳥取砂丘の東に位置する岩戸《いわど》という、文字どおり岩だらけの海岸である。日本海の満干の水位差は大きくないが、それでも干潮になるとところどころに潮だまりができ、そこに取り残された生物を見るのはとても楽しい。時には、えっと驚くような動物が、**「やっちまったよー」**とばかりに、閉じこめられた水場で私につきまとわれて右往左往するといったことも起こる。

潮だまりで小さなカメが泳いでいた。ウミガメの子どもか！

たとえばタコの子どもだとか、群れをなして泳ぐイワシだとか、ちょっと小さめのフグだとか……。

この前は、なんと、潮だまりで小さなカメが泳いでいた。

「おっ、カメだ！　ウミガメの子どもか！」とテンションが上がった。

私が近寄ると、それまで水底の斜面をひょこひょこ歩いていたが、急に水中を泳ぎ出し、深いところにある藻のなかにさっと身を隠した。いかにも潮だまりのなかの環境を知りつくしているといった様子で藻のなかでじっとしている。ちょっとお尻が出ているけど……。

もちろん私は手にした網をさっとひるがえし、藻と一緒にカメをすくい取ったのである。

ミシシッピアカミミガメだった。淡水生のカメがなぜ海に？

そしたらそのカメ、ウミガメなどではなく「ミシシッピアカミミガメ」だったのだ！

ペットショップで、子どもが、クサガメの子どもなどと一緒に売られている、あのいわゆるミドリガメである。

私は一瞬、**キツネにつままれたような気**になった。

それは、淡水生のカメがなぜこんな海水中に？

そして、こんなきれいな海岸になぜ外来種が？

そんな驚きだったと思う。

ミドリガメは昨日や一昨日、ここへやってきたという感じではなかった。つまりそこである程度以上の期間、暮らしていたわけだ。淡水ガメでも、塩分濃度がとても高い海で暮らせるのだろうか。体の生理的仕組みは海水に対応できているのだろうか。

おそらく誰かがペットショップで買ったミドリガメが棄てられたか逃げ出したかして、ここへ来て暮らしているのだろうが、岩戸の海岸の風景となんともミスマッチな組み合わせである。

今は私が研究室で飼育している。岩戸海岸の生態系を乱すおそれのある外来種なのでそうするしかないのだ（もちろんミドリガメも好きで日本にいるわけではない。ミドリガメは悪くない。だから私は大切に世話をしてやっている）。

そんなフィールドで、私は学生たちと巻貝を背負ったホンヤドカリの行動を観察し、何個体かを採集し、ついでに空の巻貝も拾って帰ってくる。

さて、Mくんが取り組んでいる実験である。

実験の手順からお話ししよう。

まず、採集してきたヤドカリを一匹選び、それが入っている巻貝と同じ種類（たいていはイシダタミ）で、大きさが、今、ヤドカリが入っている貝殻と同じくらいの貝殻（Sとしよう）と、Sより小さい貝殻、Sより大きい貝殻を用意する。つまり全部で、大中小三つの貝殻をそろえるのだ。

次に、水槽を用意し、そのなかほどを透明の

採集してきたヤドカリの貝殻より大きいものと小さいもの、今入っているものと同じくらいの大きさの３つを用意する

アクリル板で仕切り、アクリル板の向こう側に、先ほどの大中小三つの貝殻を等間隔に並べて置く。そして、アクリル板のこちら側には、黒いビニールテープ（それを細く裂いて紐のようにしたもの）を、三つの貝殻の幅に対応させて水槽の底面に貼りつける（まー、ごちゃごちゃ言ってもよくわからないでしょうから下の写真を見てください）。

最後に水槽に海水を注いで、シンプルで適切な実験場はできあがり……だ。

で、ここから実験個体のヤドカリくんの登場だ。

水槽内の透明アクリル板のこちら側に、最初に選んだヤドカリを貝殻から出して、〝裸〟の

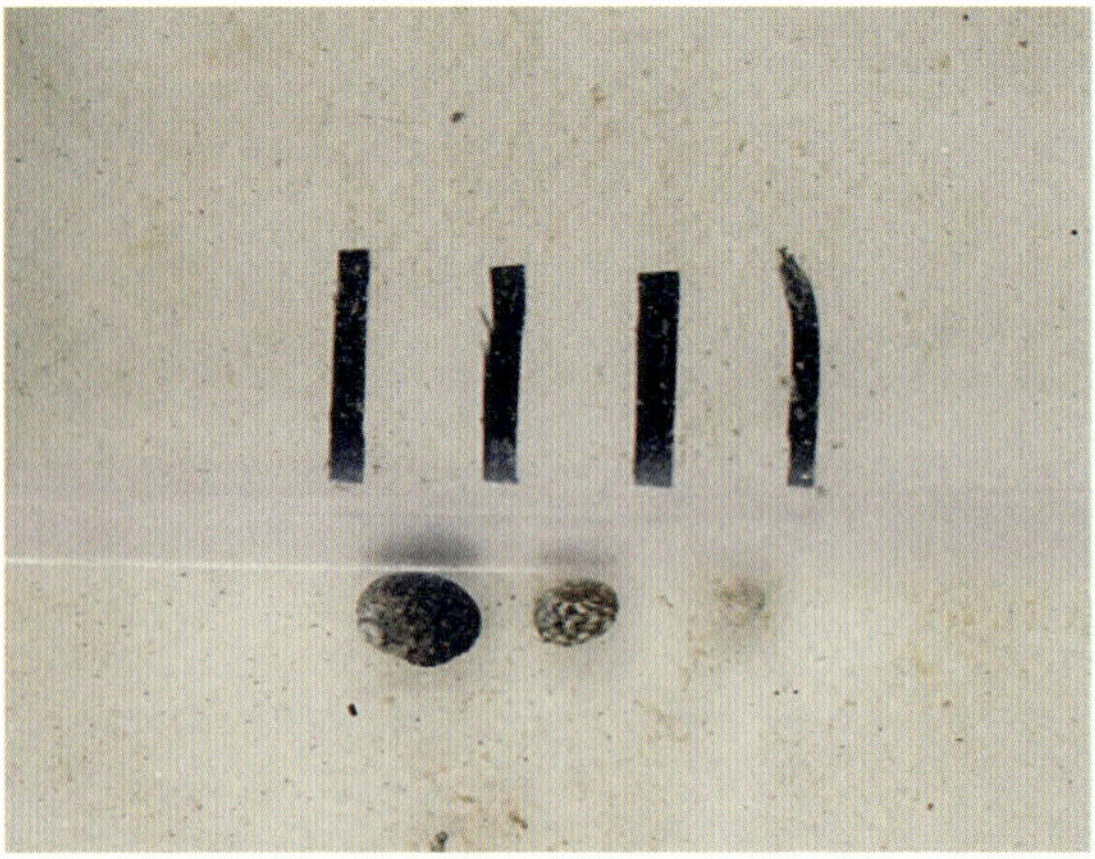

大中小３つの貝殻を等間隔に並べ、アクリル板のこちらに貝殻の幅に対応させて黒いビニールテープを貼る

状態（本章の冒頭の写真のような状態）にして入れる。

ちなみに、ヤドカリを貝殻から出すのは次のような方法で行なう。

ヤドカリが入っている貝殻の頭頂部に熱したハンダごての先をつけてじっと待つのだ。すると、ヤドカリは尻のほうが熱せられアッチッチ、アッチッチッとばかりに、性格にもよるが（ヤドカリにもいろいろな性格の違いがあるのだ。がまん強く貝殻に閉じこもっているものやすぐに出てくるものや）、数分以内には貝殻から体全体を出してしまう。こうしてヤドカリは〝裸〟になる（ゴメンネ）。

〝裸〟にされて、海水がたまった水槽のアクリル板のそばに入れられたヤドカリは、不安でいっぱい、といった様子で周囲を歩きまわるのだが、なんとすぐそばに、喉から手が出るほどほしい巻貝があるではない

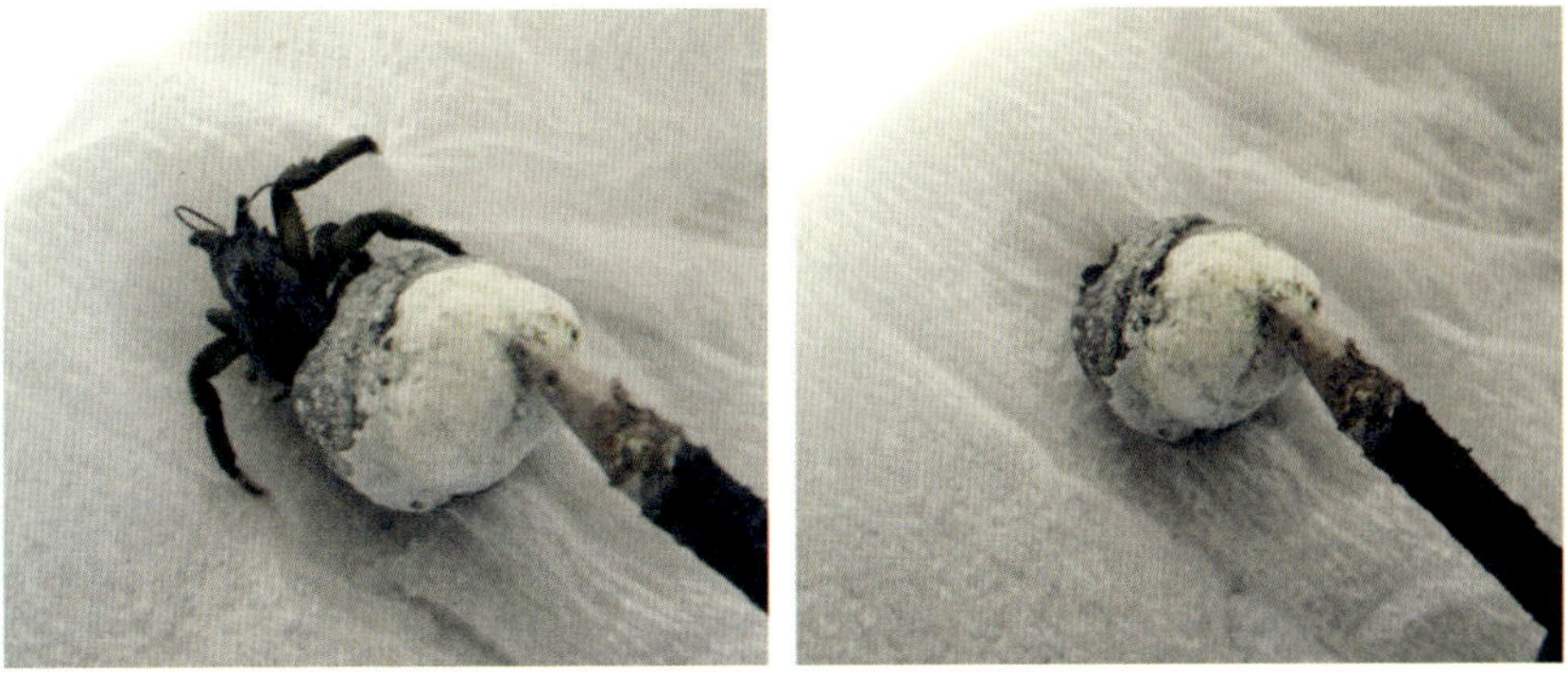

熱したハンダごてを貝殻の頭頂部の先につけてじっと待つ（右）と、アッチッチとばかりに、数分以内には貝殻から体全体を出す（左）

か！　それも三つも。ただし、ヤドカリは、その貝殻と自分との間には、硬いアクリル板が存在することを知らない。

ヤドカリは、自分が一番入りたい貝殻に向かって突撃するのだが、無残にもアクリル板によって跳ね返される。でも、けなげにもヤドカリは、その場を離れず、〝突撃する〟場所をちょっとずらしたりして、何度も何度も貝殻に触れようと接近する。

その様子を、真上からビデオカメラで撮影し、実験後再生して、ヤドカリがどの（アクリル板の向こうの）貝殻の前にとどまった（つまり突撃したりさわろうとして右往左往したりした）か、その時間を測定するのだ。

そして、その時間を計るときに目安になるのが、先ほどお話しした、「アクリル板のこちら側には、黒いビニールテープを、三つの貝殻の幅に対応させて水槽の底面に貼りつけ」たものである。つまり「それぞれの貝殻の〝前〟」を次のように定義するのである。

「貝殻の幅に対応させて貼りつけたテープにはさまれた領域」（テープの線に体の一部だけがかかっているときは？　などといった細かい点についてはここでは省略する）

こういった実験を、いろいろな大きさのホンヤドカリでやってみるのだ。

そしてわかったこと。

それは、「ヤドカリは、裸にされるまで自分が入っていた貝殻と大きさが一番近い（アクリル板の向こうの）貝殻の前に一番長くとどまる」ということだ。

とどまっているときには、アクリル板に体をあてて向こうに行こうとしたり、前でじっとしていたりしている。

読者のみなさんは、これを聞いてどう思われるだろうか？

是非、**「おーっ、すごいじゃないか、面白いじゃないか！」**と思っていただきたい。

裸のホンヤドカリは自分の体に最適の貝殻の大きさを〝知っている〟ということだ。見るだけでそれがわかるのだ。

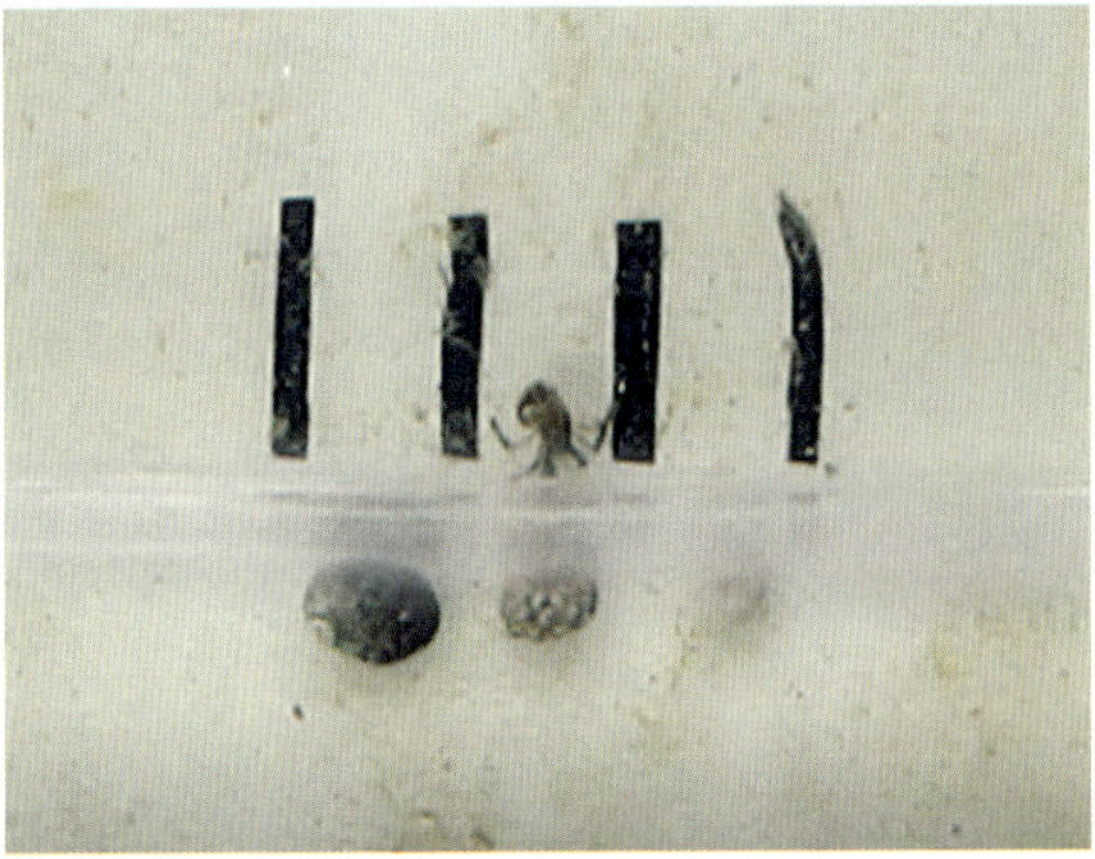

ヤドカリは裸にされるまで自分が入っていた貝殻と大きさが一番近いものを選ぶ

〝ヤドカリの認知世界〟の一端を垣間見た、と私は言いたいのだ。

さて、ではちょっと話を変えて、私が学生実験用に、今、準備している「ホンヤドカリによる貝殻の選択の適応戦略」とでも名づけるつもりの一連の実験についてご紹介したい。

夏の、学校の先生方を対象にした教員免許講習の実験講習では（まだ未完成ではあったが）、一度実施した。好評だった！

実験によって検討したい仮説は次のような内容である。

「ヤドカリは、最小のエネルギー消費で、天敵から身を守りながら餌探しなどの生活活動が可能になるような貝殻を選択しているだろう」、つまり「奥に引っこめば体全体が貝殻のなかに十分隠れることができ、かつ運ぶための労力が最低限ですむような、大きすぎず、重すぎない、穴などが開いていない貝殻を選ぶだろう」。

具体的な内容をお話ししよう。

〈実験その1〉

採集してきたヤドカリを、ハンダごてを使って〝裸〟にし、今まで入っていた貝殻と、それと同じくらいの大きさの貝殻を両者並べて水槽に入れ、そこに〝裸〟のヤドカリを移す。するとヤドカリは二つの貝殻をつかんで動かしたり、少し体を入れてみたりしていろいろ調べるような動作をしたあと、どちらかの貝殻に入って落ち着き、歩きはじめる（選んだ貝殻は今まで入っていた貝殻の場合もあるし、もう一方の貝殻の場合もある）。

さて次に、その、やっと〝裸〟ではなくなったヤドカリをまた水槽から取り出し、ハンダごてで〝裸〟にする（**もう勘弁してよ、**というヤドカリの声が聞こえてきそうな……、**ゴメンネ！**）。

そうしてヤドカリが入っていた貝殻にちょっとした細工をする。釣り糸につける錘《おもり》（通称〝ガン玉〟で、実験に使うのは、直径二ミリほど、重さ〇・二グラムほど）を、ヤドカリが背負ったときの重さのバランスを考慮して、貝殻の周囲に接着剤で三つくっつける。一方、ヤドカリが選ばなかったほうの貝殻にはガン玉と同じ形にした発泡スチロール（重さは無視できるほど軽い）を三つくっつける。

つまり、二つの貝殻を、見た目は同じで、一方の重さを〇・六グラムほど重くするのである。その状態で二つ、水槽の水の底に隣接させて並べ、「また〝裸〟にしやがって！」と怒っていそうなヤドカリをそれらの近くに入れる。
ヤドカリは二つの貝殻を調べたあと、**どちらを選ぶだろうか?**

……本来ならここでみなさんに考えていただいて、あとで答えを申し上げるのがよいのだろうが、話の都合上、ここで答えを言うことにする。

例外はあるものの（生物の実験に例外は必然なのだ）ほとんどのヤドカリは、いろいろ調べたあと、発泡スチロールつき貝殻を選ぶのだ。

〈実験その2〉
〈実験その1〉と同様にして、最初にヤドカリが選んだ貝殻の一部に穴（直径数ミリ）を開け

錘をつけた貝殻（左）と発泡スチロールをつけた貝殻（右）。さて、ヤドカリはどちらを選ぶだろうか

る。そして、その貝殻と、最初に選ばなかった貝殻とを並べて水槽の水底に置き、そこへ〝裸〟のヤドカリを入れるのである。

ヤドカリは二つの貝殻を調べたあと、**どちらの貝殻を選ぶだろうか？**

……本来ならここでみなさんに考えていただいて、あとで答えを申し上げるのがよいのだろうが、こちらの都合でここで答えを言うことにする。

ほとんどのヤドカリは、いろいろ調べたあと、最初は選ばなかった、穴の開いていない貝殻を選ぶのだ。

穴のない貝殻（左）と穴を開けた貝殻（右）。ヤドカリはどちらを選ぶだろうか

〈実験その3〉

大きな貝殻に入った大きなヤドカリと、小さな貝殻に入った小さなヤドカリを、例の、ハンダごてを使った方法で裸にする。

海水を入れた容器を二つ用意し、一方には「大きな裸のヤドカリと小さな貝殻」を入れ、もう一方の容器には、「小さな裸のヤドカリと大きな貝殻」を入れる。すると、前者の容器では、大きなヤドカリが貝殻を調べ、**「ちっちゃ！　なんやこの貝殻は。体が出てしまうやんけ、どないなっとんや！」**とでも言うように貝殻を振りまわす。でも最後は（ほかに貝殻はないのだから）、腹部の先端のほうから、ズボンでもはくように貝殻に入っていく。でも体の三分の一ほどは、貝殻からはみ出してしまう。

一方、後者の容器では、小さな裸のヤドカリが大きな貝殻と格闘する。**「ひぃえー、でっかいわ！　こんなんしかないんか」**みたいに。

そう、こんなんしかないんだ。小さなヤドカリはけなげにも大きな貝殻に入り（奥まで入るとヤドカリの姿は貝殻のなかに隠れてしまい見えなくなる）、その貝殻を、よいしょと背負うようにして歩きはじめる。

さてその次だ。

次は、小さな貝殻を背負った大きなヤドカリと、大きな貝殻を背負った小さなヤドカリを同じ容器のなかに入れるのだ。すると**どんなことが起きるだろうか？**

先ほど述べた、「奥に引っこめば体全体が貝殻のなかに十分隠れることができ、かつ運ぶための労力が最低限ですむような、大きすぎず、重すぎない、穴などが開いていない貝殻を選ぶだろう」との仮説にしたがえば、大きな、つまり力の強いヤドカリは、小さなヤドカリが入っている大きな貝殻を奪おうとするのではないだろうか。

そして、**ヤドカリたちにはいろいろご苦労かけて申し訳ない**のだが、実際にわれわれはそういった出来事を目の前で目撃できるのだ。

小さい貝殻を背負った大きなヤドカリが、大きな貝殻を背負った小さなヤドカリの大きな貝殻を奪おうとしている

大きいヤドカリは、**「おい、その大きい貝殻を渡さんかいな！」**みたいな勢いで、小さなヤドカリが入った大きな貝殻にとびかかり、貝殻の口にハサミを入れてなかの小さなヤドカリを引っ張り出そうとする。

でも、小さなヤドカリは小さなヤドカリで、**「いやだ――っ」**とばかりに、大きなヤドカリには（文字どおり）手が出せないくらい、貝殻の奥へ入りこんで抗戦する。

さて、大きなヤドカリはどうするか！

ここからがこの実験の見どころなのだ。

大きなヤドカリは、まずは、自分が背負っている（小さな）貝殻を相手の貝殻にくっつけ、左右に動かす。貝殻と貝殻はギリギリと擦《こす》れあう。

そしてしばらくこの〝ギリギリ〟（私が命名した）を続けたあと、今度は自分の貝殻を、相手の貝殻に打ちつけるように素早く上下に振る〝コツコツ〟（これも私が命名した）を行なう。

この〝コツコツ〟は少なくとも私の耳にはとても心地よく響き、**この音を聞くとストレスがはじけていくような気がする**（ちょっと言いすぎだけど。でもそんな感じ。是非一度みなさんにも聞いていていただきたい）。

一方、〝ギリギリ〟や〝コツコツ〟をやられている、大きな貝殻のなかの小さなヤドカリは大変らしい。二つの、いわば威嚇《いかく》行動を交互にやられるとストレスがたまりにたまるようで、たいていは小さなヤドカリは、抗戦をあきらめたように（あるいは、威嚇個体の様子をうかがうように）**貝殻から頭をそー―っと出すのだ。**

その瞬間を大きなヤドカリは見逃さない。大きなハサミで小さなヤドカリのハサミをつかむと、大きな貝殻からその体を引き出し、そのまま**貝殻の外へぐいっと放り投げる。**

それから、今まで窮屈そうにして入っていた貝殻から体を出し、宿主《やどぬし》を放り出して空にした大きな貝殻へと腹部

小さなヤドカリが貝殻からそーっと頭を出すと、大きなヤドカリはすかさずハサミでつかんで放り出す

の先端から入っていくのだ。

一方、**あわれ、貝殻から放り出された小さなヤドカリは………。**

小さいヤドカリはけなげにも、貝殻を乗りかえている大きなヤドカリの周囲にまとわりつくようにしてとどまる。

ちなみに私は、その場を離れようとしない小さなヤドカリの行動には、放り出されたヤドカリなりのささやかな戦略がある、と考えている。

つまりこうだ。

小さいヤドカリの脳内では、次のような情報処理が行なわれているのではないだろうか（いかめしい〝情報処理〟という言葉を使うのは、ヤドカリがヒトと同様な思考や意識などをもってそうしているのではないことを表わすためで

小さいヤドカリはけなげにも、貝殻を乗りかえている大きなヤドカリにまとわりつくようにして周囲にとどまる

ある）。

「強い相手が貝殻を擦りつけたり打ちつけてきたりして威嚇するということは、当然のことながら相手は貝殻をもっているわけだ。それなら、相手が自分の貝殻を奪ってそれに乗りかえたのなら、空の貝殻ができているはずだ」

その証拠に、大きいヤドカリが貝殻を乗りかえると、小さいヤドカリは、**待ってました！**　とばかりに、乗り捨てられた貝殻に**ちょこちょこっと素早く入っていく**（やっぱりお尻から）。

小さいヤドカリが、自分の体に合った小さい貝殻を背負って歩いていくのは、見ていてとても微笑ましい。

小さいヤドカリは、待ってましたとばかりに、大きなヤドカリが脱ぎ捨てた小さな貝殻に入っていく

こうして、結果としてヤドカリたちは、「奥に引っこめば体全体が貝殻のなかに十分隠れることができ、かつ運ぶための労力が最低限ですむような、大きすぎず、重すぎない、穴などが開いていない貝殻を選ぶだろう」という仮説に合った状態になるのである。

余談だが（今、私のなかではとても重要なテーマになっているのだが）、大きなヤドカリが小さいヤドカリに対して行なう〝ギリギリ〟や〝コツコツ〟について、もし、大きなヤドカリがまったく貝殻をもっていない、つまり、裸の状態だったらいったいどうなるのだろうか。大きなヤドカリはそれでも（自分が貝殻を背負っていなくても）やるだろうか。

さすがに、貝殻がなければ小さなヤドカリが入っている貝殻に、大きなヤドカリの〝皮膚〟があたるだけだから、せいぜいピタピタ程度の音しか出ない。もちろん小さなヤドカリが感じる衝撃もわずかだろう。

ところが、だ！

小さなヤドカリは、大きなヤドカリのピタピタ威嚇でも、貝殻から外に出てしまうのだ。貝殻がなくても〝ギリギリ〟や〝コツコツ〟的動作を**やるほうもやるほうだが、**それで貝殻から**出てくるほうも出てくるほうだ。**

そこには理由があるはずだ。理由が！　ホンヤドカリの認知世界の一端につながる理由が。

さて、では最後に、Mくんが、ホンヤドカリの行動と比較するためにオカヤドカリで行なっている実験と、その**意外な結果**についてお話ししよう。

オカヤドカリはもともと私が自宅で飼育していたヤドカリで、あるとき次のような出来事があった。

Mくんがホンヤドカリで実験を始めたころ、私は、少し小さめのオカヤドカリ（オカヤドカリは本来、ホンヤドカリより二回りも三回りも体のサイズが大きい）がほしくてペットショップに行ってみた。そこで、その後、私がクーちゃんと呼ぶことになる小さめのオカヤドカリに出合うことになる。

ペットショップで出合った**クーちゃんを一目見て私は少し驚いた。**というのもクーちゃんが背負っていた（入っていた）貝殻は、いかにも分厚そうで、なにより口の部分がまぐちの口のように左右に出っぱった形だったからである。

オカヤドカリはしばしば、海岸の砂のなかや漂着物の下にもぐりこんで休息することがある。そんなときこんな貝殻を背負っていたら、貝殻の広がった部分がひっかかって抵抗になり、**さぞ苦労したにちがいない、**と思ったのである。飼われている水槽のなかでも、同様な理由で、大変な不便を感じているにちがいない、と思ったのである。

　そんな思いもはたらき、また、なにより、そのつぶらな瞳に見つめられたような気がして私はクーちゃんと数匹の個体を買って帰ったのである（ヤドカリの〝宿〟用に置いてあった、いろいろな形と大きさの貝殻も一緒に）。

　家に帰って、砂と枯れ葉を入れた水槽にクーちゃんや、ほかの数匹のオカヤドカリを入れ、様子を見た。

　みんな最初は貝殻のなかにじっと閉じこもっていたが、やがて貝殻から出てきて歩きはじめた。

　さっそく私はクーちゃんをつまんで水槽から出し、**顔と顔をつきあわせて聞いてみた**（動物

オカヤドカリのクーちゃん。左右に出っぱった貝殻はじゃまにならない？

が好きな人ならわかると思うが、そういうこと、やってみたいよね)。

「**あなたはどーしてこんな貝殻に入っているの。**毎日、砂にもぐるの大変でしょう。この貝殻しかなかったの……」

そして、水槽にもどし、買ってきた貝殻のなかから、ちょうどよさそうな大きさで、出っ張りのないスレンダーな貝殻を近くに置いてみた。

反応はおっとりしていた。

海水の浮力を受けて貝殻が軽くなるホンヤドカリとは異なり、重力がそのまま働く陸上では、動作が緩慢になるのかもしれない。でもあちこちを歩きまわっていたクーちゃんが適切サイズのスレンダーな貝殻に出合ったとき、その動きに明らかな変化があった。**正面から貝殻をガシッとつかみ、**内部にハサミを入れてみたり、貝殻を回してみたりして、……最終的に貝殻を乗りかえたのである。

オカヤドカリの貝殻の乗りかえを見たのはそれがはじめてだった。

そんな体験があったから、ホンヤドカリと同様にオカヤドカリも、自分の体のサイズに合う貝殻の大きさのイメージをもっているのだろうか、と考えるのは自然なことである。

さて、Mくんと実験だ。

方法はホンヤドカリの場合と同じである。

ハンダごて、水槽、透明アクリル板……

一点、異なるのは、「ホンヤドカリのときは水槽に海水が入っていたが、オカヤドカリの場合は何も入れられていなかった」ということである。

裸にされたオカヤドカリが、アクリル板にそって三種類の大きさの空の貝殻が並べられた透明アクリル板のこちら側にそっと置かれた。はたしてオカヤドカリは、自分の体にぴったりの大きさの貝殻にしがみつこうとするだろうか（もしそうしようとしてもアクリル板をつき破ることはできないのだが）。


ところが結果は、**ある意味、拍子ぬけだった、**と言えばよいのだろうか。

裸のオカヤドカリは、アクリル板の向こう側に接した貝殻に積極的に近づくことはなく、たまたまそのそばを通ったときも特に気にとめる様子もなく通り過ぎていった。

同じ個体で何度やっても、また個体を変えてやっても同じだった。

「どうしてだ。なんでだ。Mくん、どうなんだ。どう思う？」

私のむちゃぶりに近い質問に、Mくんも**「なんでですかねー」**……。ところがだ。実験が終わり、もとの、底に砂を深く敷いている容器にもどした裸のオカヤドカリがとった行動を見て、私の心が（ほんとうは脳が）ちょっと揺れた。

砂地にもどされた裸のオカヤドカリは、なんと体をスクリューのようにらせん状に（ゆっくりと）回転させながら、砂にもぐっていくではないか。やがてオカヤドカリの姿は砂のなかに埋もれて見えなくなってしまった。はじめて見た光景だった。

私は**興奮気味にMくんに向かって言った。**

「オカヤドカリは、自然のなかではこれができるから貝殻にはそんなに固執しないんじゃあないだろうか」

つまりだ、ホンヤドカリと違って海岸の陸地の砂浜で暮らすオカヤドカリは、何かのアクシデントで貝殻を失い裸になったとしても、防御のために砂にもぐるという手段をもっている、というわけだ。

ホンヤドカリのように、裸になった状態が**不安で不安でたまらず貝殻を探して探して………**というわけではない⁉

それを聞いて、どちらかというと物事に対してクールで、貝殻に対するホンヤドカリよりオカヤドカリに近い反応を見せるMくんが、**少し熱く言った。**

「なるほど！」

その後、別の日に、オカヤドカリについてデータを増やすために実験を行なった。

裸にされて、アクリル板にそって三つの貝殻が並べられた透明アクリル板のこちらに置かれたオカヤドカリは、やはり、**貝殻にはほとんど関心は示さず、**水槽の隅に身を寄せて動かなかった（砂にもぐろうとしているようにも見えた）。

「よし、じゃ、砂に移せ」

Mくんと私は、砂をたっぷり入れたバケツにオカヤドカリを移し、例の行動を期待して様子を見ていた。

ところが、オカヤドカリはじっとして動く気配がなかった。

「どうしてだ。なんでだ。Mくん、どうなんだ。どう思う？」

再び私が罪もないMくんに迫った。

そして、「まーそんな個体もおるわ。そんなら別の個体でやってみよう」と、バケツに背を向け、新しい個体での実験に取りかかろうとしたとき、背後でMくんが言った。

「先生、もぐってますよ」

Mくんの粘り勝ちだと思った。

そんなこんなでMくんのヤドカリの研究は進んでいる（念のために申し上げておくが、「オカヤドカリは、自然のなかではこれ〈砂にもぐる〉ができるから貝殻にはそんなに固執しないんじゃあないだろうか」というのは、今の時点では単なる仮説にすぎない）。

一方で私は、ホンヤドカリとオカヤドカリを机のそばに置いて、いつでも彼らの行動が見られるようにした。

彼らの認知には、われわれがこれまで気づかなかった奥深い能力が隠されている気がしてならないのだ。

ヤドカリの認知には奥深い能力が隠されているような気がする

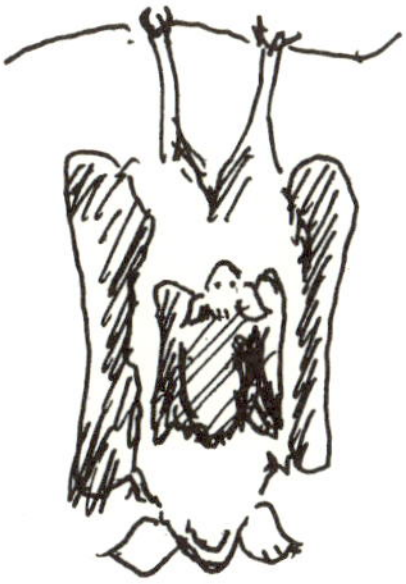

洞窟に落ちていた キクガシラコウモリの子どもを 育てた話

Koumorino Oyagawari ha Taihen!

六月の終わり、ゼミ生のUくんとIさんと一緒に、鳥取県若桜町にある大きな洞窟に行った。朝一〇時ごろだった。

もちろんわれわれは、**ある重要な目的**をもってその洞窟に来ていた。

その目的というのは、その前の年に目星をつけていた、ある**興味深い現象**について、その年も再現されるかどうかを確認することだった。

私がフィールドにしているコウモリの洞窟には、「主室と副室からなり、両者が細い通路でつながった」ようになっている、つまり8の字のような内部構造の洞窟が二つある。若桜町の洞窟はその一方だった。

その前の年、私は、三月に卒業していっ

鳥取県若桜町にあるコウモリの棲む大きな洞窟。あることを確認するために6月の終わりに向かった

たRyくん、Soくんと一緒に二つの洞窟の主室と副室とで次のような事態を、ざっくりと体験していた。

冬は、副室では主室より温度や湿度が高く、春以降になると主室の温度も上昇して副室と同じくらいの温度、湿度になる。コウモリは、冬には冬眠する場所として副室は使わず（つまり副室では見られず）、春になると副室にも移動するようになる。そして、やがて春から初夏にかけて（少なくともキクガシラコウモリは）副室の使用がメインになり、副室は出産・育児する個体でいっぱいになる。

私には、この、**コウモリによる〝洞窟内の使い分け〟**とでも言える現象がとても興

洞窟の内部は主室と副室からなり、両者が細い通路でつながった、つまり8の字のような構造になっている

味深く感じられた。

当然、その現象が安定して起こるものなのかどうか確認したい、と思うのが**研究者の心というものだろう。**


ちなみに、初夏（六月）の調査の前の冬（一月と二月）、私は二つの〝8の字〟洞窟を訪れ、コウモリたちは主室で冬眠し、副室にはいないことをしっかりと確認していた。温度や湿度もしっかりと測定していた。

そのうえでの、UくんとIさんと連れだっての若桜洞窟の調査だったのだ。

結論から言うと、〝洞窟内の使い分け〟はその年もしっかり再現されていた。冬には一匹も個体が見られなかった副室に、六月にはたくさんのキクガシラコウモリが、腹に子どもを抱えた状態で天井にぶら下がっていたのだ。


さて、調査のなかでちょっとした事件が起こった。

私とUくんの後ろをついてきていたIさんが、**驚いたような声で後方から言ったのだ。**

「先生、コウモリの子どもが落ちています！」

「えっ！」と叫んで後ろへもどり、Ｉさんが「ここです」と指さすほうへライトを向けると、生まれてまだ数日、といったくらいのキクガシラコウモリの幼獣が地面でもがいていたのだ。

「Ｉさん、よくわかったねー」と言いながら（ほんとによく見つけたものだ！）、手の上に載せると、子どもは私の指にしがみついてきた。片方の手袋をはずして背中にさわってみたら体が冷えていた。

われわれが入ってきたことで、母コウモリが驚いて落としたのかもしれない。でもそれにしては子どもの体が冷えすぎていた。かなり前に、母親の体から離れたと考えるべきだろう。

いずれにせよ、私の指にしがみついている子どもを見て、………私はもう、**コウモリのイクメンになるしか道はないではないか！**

少なくともキクガシラコウモリでは、天井から落ちた子どもを母親が連れもどしに来ることなどありえない。

ところで、なぜ私は地面に落ちていた子どもが「生後数日くらい」と判断できたのか？

もちろん私くらいになると動物についてなんでも知っているので、特に不思議がるようなことではない。でも、私は生まれたときからすべてを知っていたわけではない（アタリマエジャ）。体験を中心にした学習によって、生物に関するさまざまなことを知るようになったのである。なにせ私が育った家のまわりには、とてもとても多くの生物が暮らしていたので、ちょっとした探究心があれば、いくらでも知識がたまっていったのだ。

ちなみに、キクガシラコウモリの子どもの生後時間については、私が子どものころに学んだわけではない。じつは、〝子どもコウモリ〟落下事件のほんの一週間ほど前に学習したのだ。

つまりこういうわけだ。

Ｉさんは、大学の研究室でキクガシラコウモリやユビナガコウモリ、テングコウモリを飼育し、それぞれの種類のコウモリが、休息場所として好む環境を探る実験をしていた。ところが、実験に使っていたキクガシラコウモリのうちの一匹のお腹が大きくなりはじめ、これはもう洞窟にもどしてやったほうがいいと判断し、私が引き取って洞窟にもどす準備をしていた。ところが、その**次の日くらいにもうコウモリは出産**してしまったのだ。

夜の一〇時ごろだった。飼育容器のなかのコウモリが体を丸め、ぶら下がった状態でさかんに動きはじめた。異変を感じた私は、容器のアクリル板ごしにじっと見入った。

コウモリは尾の周囲の皮膜（これが結構広いのだ）を巻きこむようにして〝ポケット〟をつくり、そのなかに子どもを産み落としていたのだ。

ああーなんという感動的な場面であったことか！

いや、**みなさんにもお見せしたかったなー。**

でもこういう息をのむような出来事はたいてい、私が一人のときに起こる。そして、それはある意味で必然のような気もしている。そういう出来事は、いわば私的な、**きわめて私的な時間のなかで静かに、ひっそりと起こる**のだ。だから私は、一人で、まったくの一人で静かに野生動物たちに会いにいく時間を大切にするのだ。

その後、母親は、子どもを胸に抱き、翼でしっかりと覆った。

体の下腹部からはへその緒が垂れ、その先に小豆ほどの大きさの胎盤がぶら下がっていた。

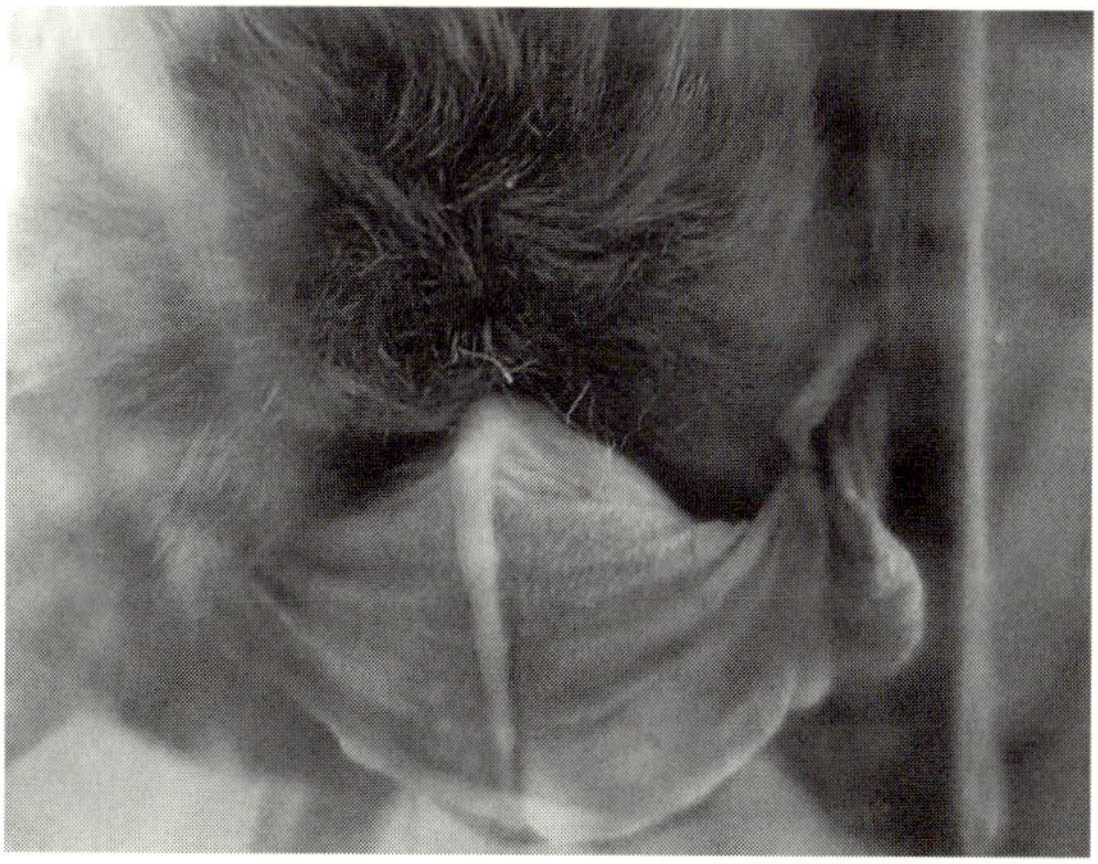

コウモリは尾の周囲の皮膜を巻きこむようにして“ポケット”をつくり、そのなかに子どもを産み落としていた

これがまた私の心を揺さぶった。へ――っ。

やがて母親はへその緒をかじりはじめ、末端の胎盤を食べてしまった。

しばらくすると母親が翼を開き、時々子どもの姿を見ることができるようになってきた。

まず驚きだったのは、生まれたばかりの子どもの大きさだ。………大きい！

体長は、母親の半分以上はあっただろう。そして、子どもの体には薄くではあるが、全身に毛が生えていたのである（アブラコウモリやユビナガコウモリでは、出産直後の子どもの体はピ

下腹部からへその緒が垂れ、その先にぶら下がっているのは胎盤だ

ンク色で、毛は、生えていたとしてもきわめて細く短い毛である)。

下の写真は、出産の翌日、親子を洞窟にもどすときに撮った写真である。

体重を計ってみたら、母親が二二・五グラム、子どもが七・七グラムだった。母親にとっては、子どもはさぞ重かっただろう(ヒトで言えば、五〇キロの女性が、一七キロの赤ん坊を産んでお腹に抱えることになるのだから)。

子どもは母親の腹に、逆さ向きになってしがみついていた。洞窟のなかでは母親は天井に逆さにぶら下がるので、子どもは頭が天井側になる。

ちなみに、この時期の母親の下腹部には、

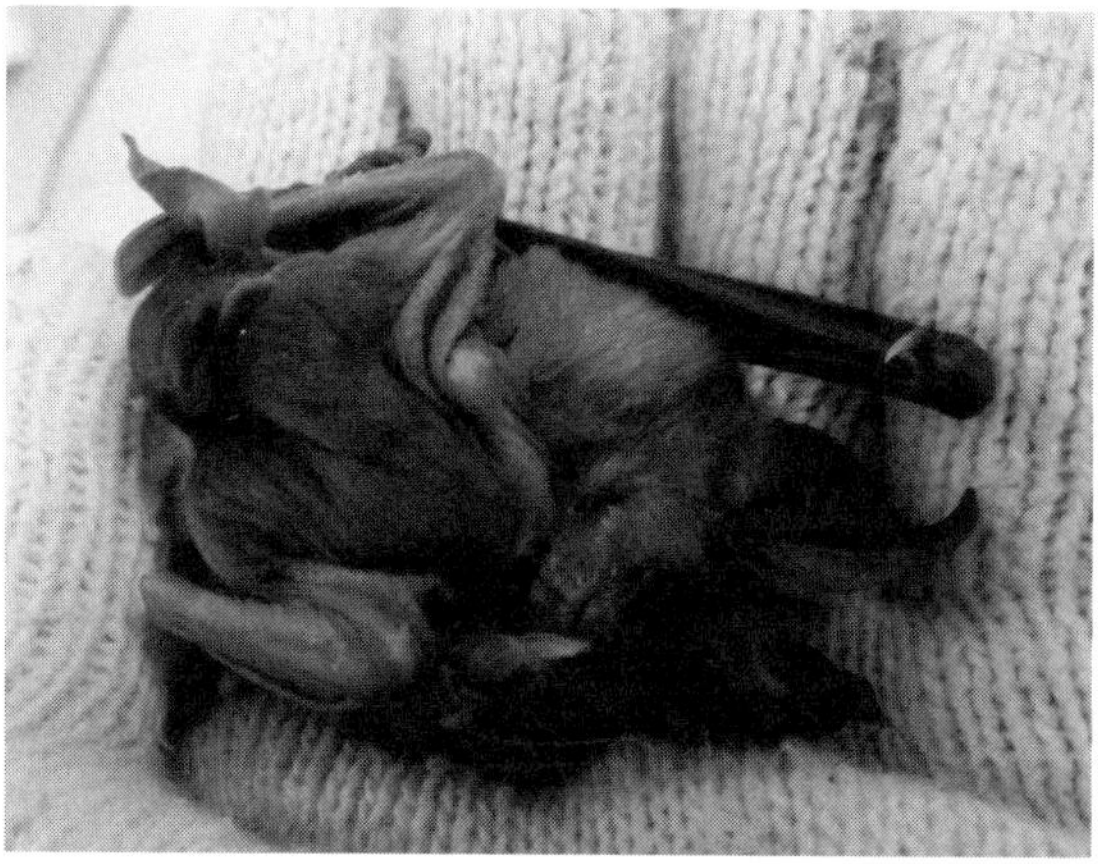

生まれたばかりの子どもは意外と大きい。体長は、母親の半分以上はあっただろう。出産の翌日に撮影

「偽乳頭《ぎにゅうとう》」と呼ばれる偽物の乳頭が発達し、子どもが母親に逆さ向きにしがみついているときは偽乳頭をくわえていると言われている（偽乳頭からは乳はでない。もちろん本物の乳頭も腹の横側に発達する）。

子どもの体で**特に驚いたことのもう一つ**は、〝耳の大きさ〟である（あとで、イクメンが撮った写真でその大きさをはっきりお見せする。七四ページの写真だ）。

洞窟のなかで子どもを残して餌をとりに行った母コウモリが、洞窟にもどって子どもを探すとき、母と子が互いに超音波を発しそれを頼りに両者は間違いなく出合うのだという。それぞれの超音波の特徴を記憶しているのだ。

そのためにも子どもの耳は、生まれた時点でしっかり働かなくてはならない。それが、子どもの耳が大きい理由の一つだと考えられる。

「キクガシラコウモリの母子間の超音波によるコミュニケーション」は、今からもう三〇年以上前、当時、京都大学におられた松村澄子さんが明らかにされた現象だ。

そのころ学生だった私は、動物行動学会でその発表を聞きながら、**「すごいなー」と思った**ものだった。

子どもの大きな耳を見ながら、そんな昔のことも思い出す私であった。

次の日、母子のコウモリも含めて、実験に参加してもらったコウモリたちを洞窟にもどしてきた。


ちょっと寄り道が長くなった。

まーざっと、このようにして私は、キクガシラコウモリの、生まれて間もない姿を目に焼きつけていたところ、ちょうど、Uくん、Iさんたちと行った洞窟での**〝子どもコウモリ〟落下事件に偶然、遭遇**したのだ。

なぜ私が即座に、「この子どもは、生まれて数日くらいのキクガシラコウモリの子どもだ」と思ったのか、わかっていただけたと思う。

コウモリの子を育てる**イクメン生活は、想像していたとおり大変なものだった。**
主食は?
主食は人間の乳である(成分的に、牛の乳、つまり牛乳ではだめなのだ)。

もちろん、現在、授乳中の人間の女性に面と向かって、

「すみません。コウモリの子どもに飲ませてやりたいのでちょっと分けていただくわけにはいかないでしょうか」

とは言えない。（**アタリマエジャ。**メントムカッテデナクテモイエナイワ！）

薬局で買うのだ。キクガシラコウモリの顔が頭に浮かびつつ、薬局で、くれぐれも間違わないように、人間の子ども用の粉末ミルクを買い、ちょっと複雑な気分でレジで清算をすませる。

研究室で、粉ミルクを適度な温度の湯にとかし、スポイトで吸いとって子どもの口に注いでやると、子どもは結構その味が好きらしく、勢いよく飲んだ。

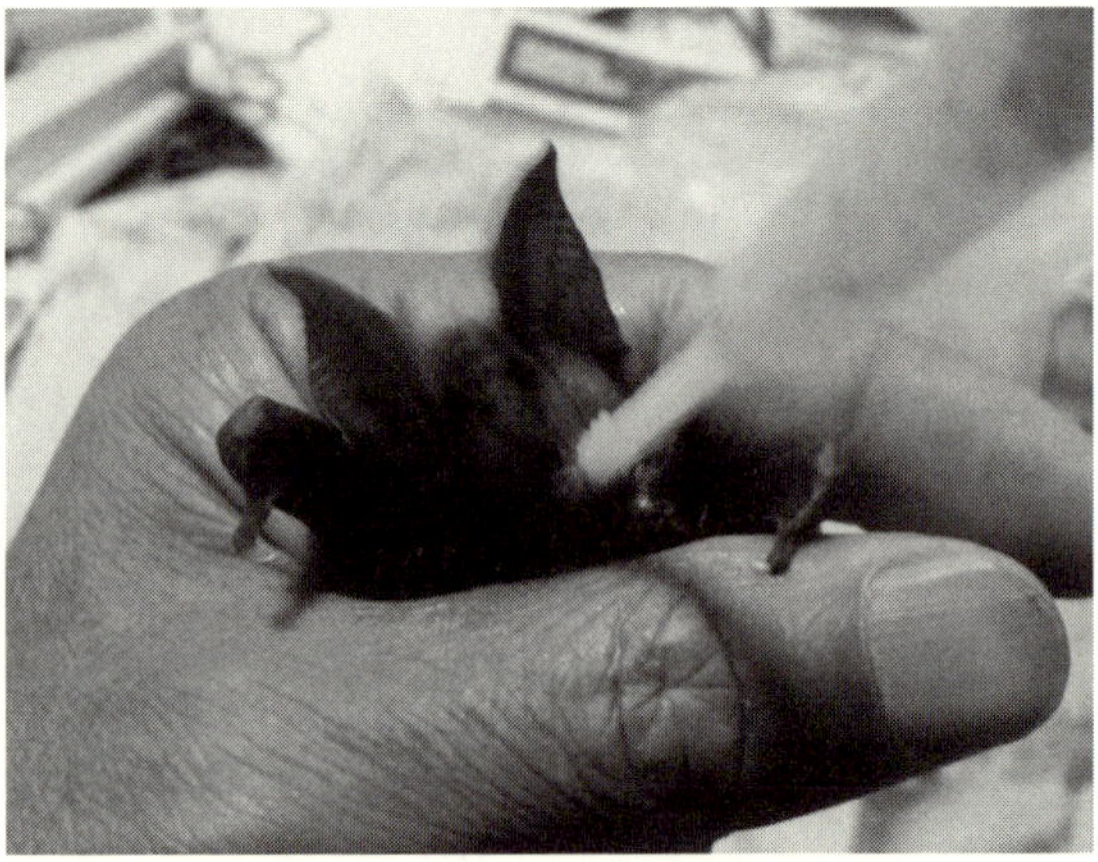

キクガシラコウモリの子どもの主食は人間の乳。牛の乳ではだめなのだ

ちなみにキクガシラコウモリは成獣も人間の乳を好んで飲んだ。ところがユビナガコウモリやモモジロコウモリ、テングコウモリなどは少なくとも成獣は人間の乳を飲まなかった。理由は、明確なことはわからない。

子どもをどこに置くか、ということも重要な問題だった。

自然状態では母親の腹にしがみついていたり、母親が餌をとりに行っているときは、ほかの子どもたちと体を寄せあって天井にぶら下がっている。

そういった状況に近い環境を用意してやらなければならない。

それに近い状況……その一つは、子どもを

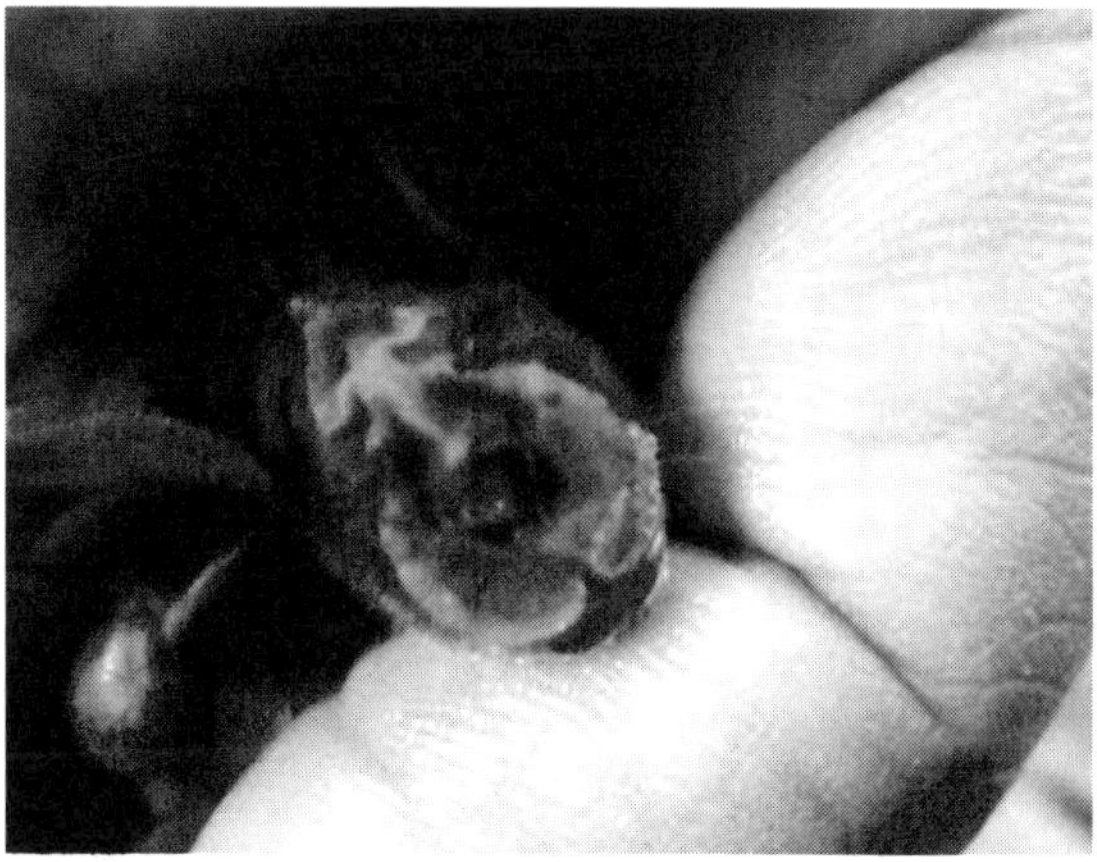

なるべく自然に近い状態に置いてやらなくては……それは素手で子どもを柔らかく握っている状態だ

私の手や腕にとまらせている状態、あるいは、私が素手で子どもを柔らかく握っている状態である。

実際、そういう状況では子どもは鳴くのをやめ（超音波を発するときは口を開けるから、その動作でわかるのだ。可聴音も発する）、リラックスした様子になる。乳もよく飲む。

研究室で仕事をしているときはなんとかその状態で過ごすことが可能だったが、たとえば**講義のときはどうするのか。**

子どもを保護してから間もなくその問題はやってきた。

少なくとも生後数日間は、子どもの生存にとって特に重要な時期だ。慎重に対処してやらねばならない。

さてどうしたものか？

そこで私がとった行動は、以下のようなものだった。

肌のぬくもりを感じつつ、体が包まれているような状態をつくりたかった私は、**子どもを軍手にもぐりこませ、それをズボンのバンドの上あたりの皮膚（私の！）とシャツの間に入れた**のだ。子どもは、その状態をそれなりに気に入ったらしく、シャツの下の軍手のなかで静かにしていた。

詳しい話は省くが、講義や会議はそれでいけることがわかった。やってみるものだ。ただし、時々子どもが**軍手から這い出して、腹の皮膚の表面を這いはじめる**ことは計算外だった。私はひたすらがまんした。

そのうち、子どもは、乳を与えティッシュペーパーにくるんで容器に入れ、蓋をすれば静かに休むようになった。

イクメンとして越えていったハードルはほかにもいろいろあった。

たとえば、**数時間ごとの授乳、特に夜の授乳**だ。

母親は出産間もないころは、夜、子どもを洞窟に残して狩りに行くが、一時間以内くらいにもどって来て授乳することが知られている。やがてその間隔は長くなり、生後一カ月くらいになると四、五時間になるという。

一方、私ことイクメンは、夜、一時間以内の間隔で授乳というのは……**ちょっと無理。**

でも数時間間隔で起きて授乳した。もちろんそのころは毎日寝不足で、研究室で仮眠をとったこともあった。

こうして大変なイクメン生活の甲斐あって（じつは、このような生活は、もちろん子どものためであるが、私がキクガシラコウモリを生物学的に理解するためのかっこうの時間でもあったのだ。現代生物学では忘れられがちなことだが、**これはかなり重要なことだ。**生物はDNAやタンパク質だけでできているのではない）、子どもはすくすくと成長していった。

約一カ月で体重も約二倍（一四グラム）になり、目もパッチリしてかわいいさかりというのだろうか。

そして、このころには私は、餌としてミールワーム（ゴミムシダマシの幼虫）を与えはじめていた。（ミールワームには申し訳ないのだが）ミールワームをつぶして内容物を子どもの

生後1カ月、ミールワームをつぶして与えはじめた。子どもはミールワームの内容物をよく食べた。耳の大きさに注目してほしい

口につけるのだ。

子どもはよく食べた。半分に切られたミールワームをがつがつ噛んで口に取りこむこともあった。ただし、ミールワームの皮膚は硬くて、まだ噛みちぎることはできない。口のなかでモグモグしたあと、内容物だけ飲みこんで、チューブのようになった皮膚だけをペッと吐き出した。

ちなみに、キクガシラコウモリの子どもは、一カ月齢ではまだ、一人で飛んで虫を捕ったりはしない。一方、母コウモリは、鳥のように、嘴《くちばし》に虫をくわえて子どものところへ運んできたりはしない。与えるのは乳だけである……と考えられている。それを信じれば、一カ月齢のキクガシラコウモリの子どもは、虫を食べる機会はないということである。

しかし、それならなぜ、子どもコウモリは、ミールワームの内容物を喜んで食べたのだろうか。

私は、じつは、キクガシラコウモリの子どもは一カ月齢より早い段階で、母親から虫をもらって食べている可能性があると思っている（そう思ったから約一カ月齢ほどの子どもに虫を与えてみたのだ）。

実験のために、成獣のキクガシラコウモリを飼育していたときである。

キクガシラコウモリは飼育容器の床に置いた餌は食べないので、体を手で持って、ミールワームやコオロギを口に運んで与えていた。

すると、キクガシラコウモリは差し出される餌をどんどん口に入れ、虫を数回噛んだだけで飲みこまず、頬内にどんどんためていくのである。下の写真を見ていただきたい。ためた虫ではちきれんばかりにふくらんだ頬である。それでもまだ口に入れようとして、差し出したコオロギにむしゃぶりついている。

このあと、飼育容器にもどすと、コウモリは天井にぶら下がって、ゆっくり餌を噛んで飲みこんでいくのだ。

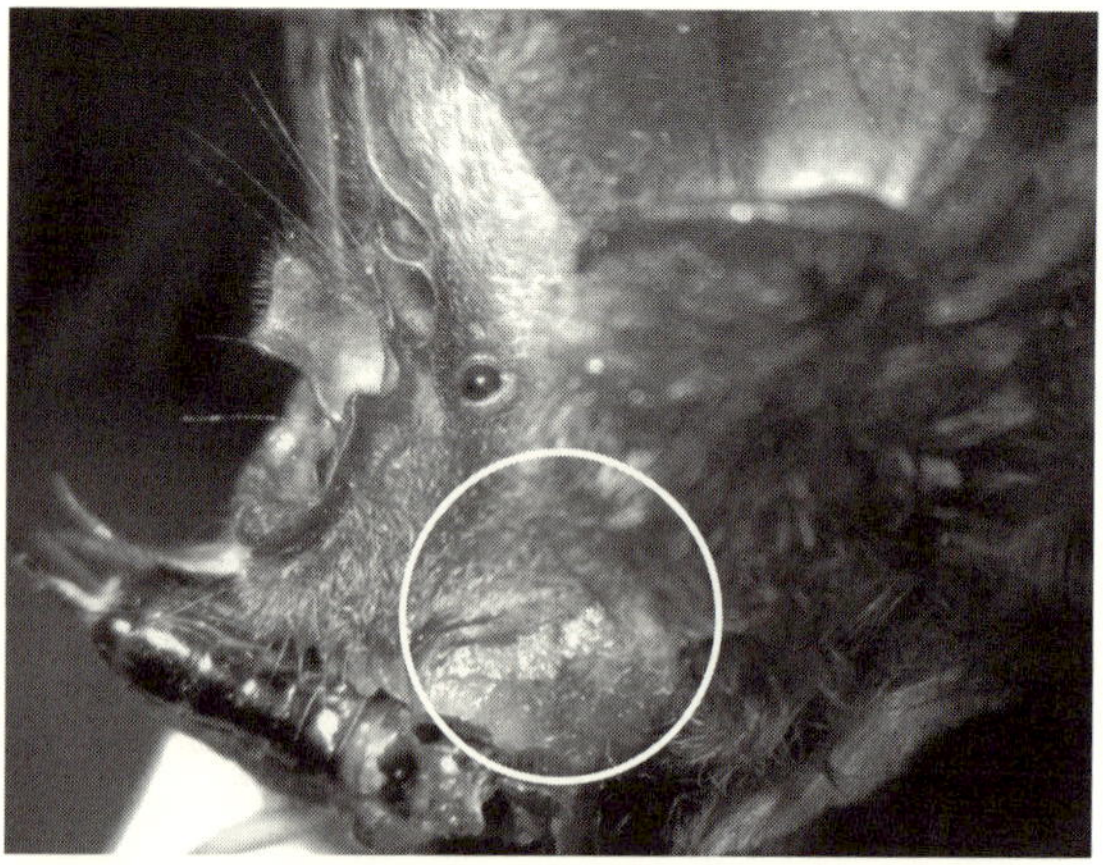

キクガシラコウモリは餌をどんどん口に入れ、頬内にためていく。ためた虫で頬がはちきれんばかりにふくらんでいる（○印）

私は、キクガシラコウモリは、**一種の「頬袋」をもっており、**それを使って森で捕まえた餌をねぐらの洞窟まで持って帰り、洞窟でゆっくり食べる習性をもっているのではないか、と考えているのである。

実際、洞窟で、キクガシラコウモリがぶら下がっている天井部分の下には、いろいろな虫の、(食べられない)羽や角《つの》などが落ちていることがある。とりあえず頬袋に入れて運んできた虫をゆっくり食べたとき、食べられない部分として棄てたのではないか、と推察するのである。

「頬袋」と言えば、通常、シベリアシマリスやゴールデンハムスターといった、巣穴に植物の種子などをためこむ動物で見られる頬内の構造である。一度に運べる餌の量を増やすため、餌の量に合わせて頬がふくらむのである。**コウモリで、「頬袋」について報告された事例はない。**

でも、ユビナガコウモリやモモジロコウモリ、テングコウモリの場合、キクガシラコウモリで見られたような「頬袋」的構造や「頬袋」使用を思わせるような行動はまったく見たことがない。明らかにキクガシラコウモリの場合が異例である。

「頬袋」といってもよいものを効果的に利用し、キクガシラコウモリの母親は、捕らえた虫を、洞窟で待つ子どもに運び、口移しで子どもに与えているのではないだろうか。

　さて、私のイクメン行動は続いていったのであるが、そろそろ洞窟にもどすことを考えなければならないなーと思っていたころ、調査に行った森のなかの大きな洞窟で、下の写真のような親子のキクガシラコウモリを見た。

空中ブランコの一場面のように、天井にぶら下がったコウモリに足を持たれて、もう一匹のコウモリがぶら下がっているのだ。体色などから判断して明らかに下の個体が子どもである。子どもはもう親と同じくらいの大きさになっているが、**うちの子どもと同じくらいの大きさ**に見えた。

　この姿を見て、**動物に関することだけは記憶抜群の私の脳**が（それ以外のことはほんとうに記憶絶不調である。あるときなど、私の研究室

母コウモリ（上）に足を持たれて子コウモリ（下）がぶら下がっている。子どもの体を揺らして飛翔の練習をしているのだ

の、廊下を隔てた向かいの研究室の先生が数カ月、大学を留守にしていたとき、久しぶりに出てこられた顔を見て、名前が出てこなかった！……くらいだ）、前述の松村澄子さんのキクガシラコウモリに関する本の一節を思い出した。

それによると、母コウモリは、子どもがある程度大きくなると、子どもの足を持ってぶら下げ、子どもの体を揺らして飛翔の練習をさせるのだそうだ。**まさにそれだ。**これがその飛翔の練習にちがいない。

そしてそうなると………**イクメンの血が騒ぐ。**

「うちの子にもそろそろ飛翔の練習をさせてやらねば」

山を下りた私はさっそく、**〝うちの子ども〟の特訓に取りかかった。**

うちの子もそろそろ飛翔の練習をしなくては。さっそく開始した

いろいろ試したのち、次のような方法で特訓することにした。

私の人差し指に、子どもの後ろ足のつめを引っかけてぶら下がらせ、ゆっくりスウィングさせてやるのだ。

子どもは最初は、**「怖いよー」**みたいな感じで、前足を私の指にかけようとしていたが、そのうちスウィングのリズムに同調して翼をばたつかせるようになった。

そして訓練開始、四日目には、**なんと……飛んだのだ！**

キクガシラコウモリ特有の翼の動かし方で、私の体のまわりを半周したのだ（その後、床に胴体着陸した）。

イクメンの頑張りは間違ってはいなかったのだ。筋肉や骨格は、着実に、飛翔できるような成長を遂げつつあったのだ。そこにはもちろん、誰に教えられるでもなく、飛翔が可能な筋肉の動きを発現させる、神経配線の自発的成長があったことは言うまでもない。その神経の配線までイクメンが導くことはけっしてできない。

それからも飛翔訓練は続き、子どもはどんどん飛翔を上達させていった。そしてそれは、子どもが私のもとを離れる日が近づいてきたことを意味していた。

八月はじめの休日、私は一人で、子ども（名前はつけていたがあえて書かない。涙が出そうになるからだ）を連れて故郷の洞窟に行った。**いよいよ別れの日が来たのだ。**

洞窟の天井にとまらせてやろうとしたが、なかなか私の指から離れようとはしなかった。体をつかんで強引に天井にとまらせた。

子ども、いやもう子どもと呼ぶべきではないのかもしれない、イクメンに育てられたキクガシラコウモリは、天井にぶら下がり、頭を水平に持ち上げて口を開け、さかんに超音波で周囲の様子を探るしぐさをしばらく続けた。それから、突然パッと身をひるがえして飛んだかと思うと、何の未練もなさそうに、**闇のなかへと消えていった。**

ヤギの認知世界、イヌの認知世界

草を食べるか動物を食べるか
……それが問題だ

突然で恐縮だが、本から目を離し、周囲を見渡していただきたい。
何が見えるだろうか。壁？　窓？　行き交う人々？

余談だが、これまで人類が抱えてきた、現在、脳科学や哲学などの分野で「脳のハードプロブレム（難しい問題）」と呼ばれている問題として、次のようなものがある。

脳内で起こる変化は、神経細胞の膜を通るイオン（ナトリウムイオンやカリウムイオンなど）の出入りといった物理的変化（このような脳内の物理的変化を解明する分野は「脳のイージープロブレム」と呼ばれる）なのに、なぜ〝意識〟というなんとも非物理的な〝もの〟が生じるのか？

じつはこの問題は、**動物行動学が本質的な力を発揮する可能性**が非常に高い問題であり、私自身、ずーっと考えつづけている（暫定的見解としては、『ヒトの脳にはクセがある――動物行動学的人間論』〈新潮社〉で書いた）。

一応、このような「脳のハードプロブレム」もある、ということを念頭に置いて、では、以下の、ヤギ**（笑ってはいけない）**の話を読んでいただきたい。

登場する主要動物は、ヤギとイヌとゼミ生のＭａさんとゼミ生指導教員の私である。後者の二人が挑んだのは、前者の「ヤギとイヌの、それぞれ生きている認知世界（それぞれの動物の周囲の世界）はどう違うのか」についての断片の解明である。もちろん断片だからといってあなどってはならない。その背後には、「生命体とは何か」「進化とは何か」という大きなテーマが横たわっているのだ！ **……ちょっと言いすぎました。**

では今度こそほんとうに始めよう。

私は大学で一五年以上、ヤギと接し、ヤギの習性を知るためのいろいろな遊びもやってきた。それらの遊びのなかで、特に印象に残ったもののうちの一つが次のようなものだ。

放牧されているヤギたちは、放牧場のなかでは食べられないものを、外から取ってきてやるととても喜んで食べる。

たとえば木の葉だ。ヤギの祖先原種が野生で食べていたのだろうから当然だろう。それに加え、ヤギを含めた草食哺乳類は基本的に、同じ種類の植物ばかりを食べるのを好まない。同一種の植物がもつ同一種の防衛化学物質（草食哺乳類にとっては毒性がある）がどんどん体内に蓄積していくのを避ける意味があるのだろうと推察されている。

だから私は、放牧場へ行くときは、外から木の葉やシダなどを持っていくようにしている。放牧場のなかにも木はあるのだが、ヤギの口が届くところの葉はすでに全部食べられてしまっているのだ。

ヤギたちは、木の枝などを持っている私を見つけると、**一目散に走ってやって来る。**そして私の手から木の葉を引きちぎり、**むしゃむしゃ、すごい勢いで食べる。**時には、あまり強く引っ張るものだから葉が地面に落ちてしまうこともある。すると数匹のヤギたちは地面の木の葉にターゲットを変え、競うようにして食べはじめる。

さて、ある日の午後、デスクワークに疲れ、ヤギと遊ぼうと放牧場を訪ねたときの

私が木の枝などを持っていくと、ヤギたちは、木の葉を引きちぎり、すごい勢いで食べる

ことである。私にはちょっとやってみたいことがあった。

地面に置いた木の葉をがむしゃらに食べているヤギの目の前で、ヤギが顔を上げた瞬間に、葉が見えなくなるように上からパサッと不透明の容器をかぶせてみたのだ。すると、なんとヤギは、とたんに動作が穏やかになり、よそよそしく顔を上に向けたかと思うと、静かにその場を立ち去ったのである。

もちろん、ヤギにとって、私が行なったような行為ははじめての経験だっただろう。私は、特にはっきりとした目的があってそのようなことをしたわけではなかった。ただし、それまでの実験から次のようなことはわかっていた。

透明な容器のなかに密閉するように木の葉を入れたものと、青色の網袋に木の葉を入れて丸め、なかの木の葉が外からははっきりとは見えない（空気はまったく自由に通過する）ようにしたものとを並べて地面に置いておくと、どのヤギも前者のほうに近づき、容器を鼻で押してなかの木の葉を食べようとする。

一方、「木の葉に不透明容器をかぶせたら（外からは木の葉はまったく見えない）、とたんにあたかもそこには餌などまったくないかのようにふるまう」という現象は、すべてのヤギ（三頭）で確認された。

これはいったい、**どういうことを意味しているのだろうか?**

ちなみに、私の漠然とした予想では、あれだけ好きな木の葉がそこにあるのだから、不透明容器で隠されても、少なくとも容器の周囲を探したりだとか、鼻で押してみたりだとか、それくらいのことはやるだろう、と思った。

ところがヤギは(何度も繰り返すが)あたかも、そこに木の葉はまったくないかのようにふるまうではないか。**私はちょっと驚いた。**

そして、私の「ヤギの認知世界」に関する深い考察が始まるのだった。

ずばり言おう。

木の葉を透明な容器に入れたものと、青色の網袋に入れてなかが見えないようにしたものを置くと、透明な容器のほうに近づいて鼻で押してなかの葉を食べようとする

私は、いろいろ思索したあと（ほんとうは最初にその現象を見た数分後）、次のように考えた。

ヤギにとって**「見えない」**ということは**「存在しない」**ということなのではないだろうか。

もちろん彼らは単純な機械ではないのだから、当然、〝学習〟もするだろう。けれど、〝同一場面の繰り返しの学習〟などないような、素の状態においては、ヤギの脳にとって、「見えない」ということ＝「存在しない」ということではないか、と強く感じたのである。

そして、もちろん私くらいの動物行動学者になると（印刷室や事務室に物をとてもしばしば忘れることはあっても）、先の仮説に関連して、なぜヤギの脳はそんな特性をもつのか、に関して、私が「進化的適応的理由」と呼ぶ点について考えることも忘れなかった。

その理由とは以下のようなものである。

ヤギのような草食の大型哺乳類（特にヤギの祖先原種）は、岩が多い乾燥した場所で点々と生えている草のパッチを探して移動し暮らしているのだろう。ヤギは緑色をはじめとした何種類かの色を識別できることが知られているが、それは離れたところからでも緑の草むらを発見できるという適応的な意味があるのではないだろうか。

ちなみにヤギはヘビを、視覚ではなくおもに嗅覚で認知するが、それはヤギが暮らす場所ではヘビは地面と似た体色をもち、視覚での発見が困難であるためではないか、と私は推察している。

そんなヤギにとって、「動くことのない（！）草むらが見えない」ということは、それは**「草むらがそこにはない」**と判断してもまったくおかしくはない。そのほうが無駄なエネルギーを使うことなく餌を得るうえで有利ではないだろうか。

さて、もし以上の説が正しいとしたら、この説は必然的に次のような予言をすることになる。

植物と違って、動く〝動物〟を餌にする肉食哺乳類は、餌に不透明の覆いがかけられて見えなくなっても、その下に餌があると認知してふるまうはずだ。

それはそうだろう。餌、たとえばネズミは、逃げて石の下などの物陰に隠れることは当然あることだ。

……イヌだ。イヌで実際に実験してみればよい。

もし、肉食哺乳類であるイヌが、「餌に不透明の覆いがかけられて見えなくなっても、その下に餌があると認知してふるまう」ことが示されれば、**ヤギにおける〝「見えない」＝「存在しない」〟認知説の間接的な支持**になるではないか。

ここからゼミ生のＭａさんが登場することになるのだ。

ここまでお話ししたようなことをＭａさんに説明して、どう、このテーマ、やってみない？と聞くとＭａさんはニコッとして**「やってみたいです」**と言ったのだ。

もちろん、私くらいの動物行動学者になるとＭａさんの性格もよく把握しており、Ｍａさんが「やってみたいです」と言うことは予想ずみだった。

このようにしてＭａさんは、私にサポートされながら、ヤギとイヌでの実験に向かったのだった。

まずＭａさんは、私が以前、三個体のヤギで確認した特性を、（バケツなどを使ってその場のヤギの状況でやり方を変える雑なものではなく）科学的実験として誰もが認める一定の手順で確認することから始めた。

ちなみに、**科学的実験はなにも高価な装置を使うのが必要条件ではけっしてない。**むしろその分野の発展にほんとうに寄与する実験は、単純な実験（時には観察そのもの）であることが多いのだ。

さて〝一定の手順〟とは次のようなものである。

ヤギに、①彼らが大好きな餌（木の葉や飼料ペレット）を地面に置いて、三〇秒ほどその餌を食べさせる。

次に、②ヤギが顔を上げ、餌から十分に口を離したすきに、直径三〇センチくらいの透明の半円形容器を、上から餌をすっぽり覆うように置き、三〇秒ほどそのままにする。

続いて、③透明の容器をさっと取って、不透明の容器（透明の容器と形状は同じだが表面が灰色で不透明）をかぶせる。

②と③の手順については逆の場合も行ない、すべての試行について映像に記録し、あとで再生して行動の分析を行なう。

そしてこの実験から確認されたのは、「ヤギは、透明の容器を隔てた場合、容器を鼻でつついたり、容器に鼻を近づけてずっとなかを見つづける行動をとったりすることが頻繁に観察され、一方、不透明の容器で隔てられた場合には（つまりなかの餌が見えなくなる）、そういった行動はほとんどとられない」ということだった。

予想どおりだ。

ただし、実験でも確認できたのだが、同一個体で先のような手順で何回か実験を続けると、不透明な容器で餌を覆ったときでも、その個体は容器を鼻でつついたり、容器に鼻を近づけ、なかを見つめたまま周囲をうろうろしたりする行動をとるようになる。

これがまさに学習なのだとMaさんと話しあった。

ヤギ部（大学の設立とともに、私の呼びかけでヤギ部という部ができたのだ）の部員や私が、特に冬、ヤギたちが好きな糠《ぬか》やほし草を青いバケツに入れて与えていると、ヤギたちは、明らかになかの餌が見えない状況でも**青いバケツ目**

なかの餌が見えなくなると、容器を鼻でつついたり、鼻を近づけてなかをずっと見つづけたりすることはほとんどなかった

がけて走ってきて、なかに頭をつっこもうとする。

もちろんそれは学習だ。何回もその事象が起こると当然ながら学習するのだ。それはヤギたちが野生で生きぬいていくうえで重要な特性だ。ヤギたちの学習能力は、まだほとんどわかっていないが、たとえば仲間のヤギ一頭一頭、部員一人一人のふるまい方などよ――く学習していることは間違いない。

ただし、一連の実験は（もちろんいろいろな学習が起こっていくのは当然だが）ヤギの脳は、基本的には「見えない」＝「存在しない」という認知特性が備わっていることを強く示唆していた。

さて、では、**次はイヌ！である。**

方法はヤギと同じである。

そして知りたいことは、イヌでは先ほど予想したような結果になるのかどうか。つまり、ヤギと違って、「餌が遮蔽物によって視覚的に見えなくなっても、遮蔽物の下の餌を（それが存在すると認知して）見つけようとする」かどうかだ。なにせ彼らの本来の生活は「動いて、時には物陰に隠れることもある〝動物〟を餌にする」というスタイルだからだ。

ワクワクだ。

まず、実験を行なった場所について少し説明させていただきたい。

そこは鳥取県八頭町《やずちょう》にあるドッグラン「カニス」だ。

ドッグランとは、イヌが、フェンスなどで囲われたスペースのなかでリードをはずしてもらって自由に運動できる施設である。

カニスとは、イヌやオオカミを含むイヌの仲間の示す学名「*Canis*」に由来する（イヌの学名のフルバージョンは*Canis lupus familiaris*である）。

ちなみに、カニスにはそれまでに、ヤギ部のヤギたちが二度ほどおじゃましていた。

一度目は、カニスを運営されている、大の犬好きのＭｏさんから、当時部長だったＫｕくんに除草の依頼がきたときだった。

ドッグランの外周フェンスにそって生えている草をヤギに食べさせてもらえませんか、という依頼だった。

フェンスに囲まれている場所というのはヤギ除草におあつらえ向きだ。

こちらが囲いを運んでそこに設置する必要がないからだ。小屋を置いてヤギを放せばよいのだ。

部内で話しあった結果、ドッグランでの**除草の任務には、年長で気が強いコハルが選ばれた。**仮にイヌの気配を感じることがあっても怖がらないだろう、という思いがあった。

確かに**コハルは〝闘士〟**であり、以前、除草依頼があった大学の近くの田んぼに連れていったとき、飼い主に連れられて近寄ってきたイヌに、大いなる威嚇行動を示した。

ヤギが同種（ヤギ）以外の動物に示す威嚇行動は、相手に近づき前肢を素早く持ち上げ、物でも踏みつぶすかのように前方の地面に叩きつける、というものである。それをコハルはイヌに対して行なったのだ。

近寄ってきたイヌに威嚇行動を示すコハル（左）とミルク。相手に近づき前肢を素早く上げ、物を踏みつぶすかのように前方の地面に叩きつけるのだ

背中の毛を立てて、何回も。

さて、そういった期待も背負いながらドッグランに派遣されたコハルであったが、**われわれの予想には大きな落とし穴があった。**基本的なミスをおかしていたのだ。

翌日、Ｍｏさんから Ｋｕくんに電話があった。われわれが去ったあと、コハルは落ち着かなくなり、甲高い声で頻繁に鳴いたり、事務所のガラスのドアに角《つの》をぶつけたりするようになったというのだ（コハルは除草に先立って、まずは、ドッグランの、事務所のような建物に面した一角に、小屋を置いて放された）。

私は自分を恥じた。そう、恥じたのだ。

オマエはこれだけ長くつきあってきたヤギという動物の基本的な特性を忘れてしまっているではないか。

ヤギは群れで生活する動物だ。開けた岩場も含む環境が本来の生息地と考えられるヤギの祖先原種にとって、餌場の発見や捕食者に対する見張りや防衛には群れが有利だったと考えられる。そんな特性を現在の、世界中に広がったヤギは遺伝子として受けついでいるのである。

そんなヤギが単独にされたら………。**コハルはどんなにか不安だったにちがいない。**

これまで除草や子どもたち（人間の）とのふれあい体験の〝出張〟で、今回のコハルのような出来事が起きなかったのは、常に複数個体で出張していたからだ。

いくら日ごろからコハルが堂々としていて、餌をめぐってほかのヤギを追い払うような行動もするからといっても、それは土台に〝群れでいる〟という安心感があってのことだったのだ。

私はKuくんに、コハルと一緒にいることが多く、コハルと同じように、ものおじしないコムギを連れていってコハルと一緒にしてやろう、と伝えた。

Kuくんは最初、**「それでうまくいきますかね……？」**といった、**疑いの気持ちありありの言葉**を返してきた。うん、やむをえないだろう。Kuくんは私という人物をよく知っているから。

でも私は思った。**今回は違うよ。まー見ててごらん。**

はたして、その日の午後、Kuくんと軽トラでコムギを連れていくと、コハルの行動は劇的に変わった。

コハルは、**「寂しかったよー」**みたいな感じでコムギのほうへ寄っていき、コムギの鼻に自分の鼻を近づけたのだった。

二回目の「カニス」とのおつきあいは、題して「ヤギとイヌのミーティング」であった。ちなみにこのイベントは、大学の地域連携促進助成金をもらって行なったのだが、内容はそんなおおげさなものではなかった。もちろん趣旨にはそれなりには合致していたが。

そのタイトルどおり、ヤギとイヌに対面してもらい、**ヤギ語とイヌ語でミーティング**をしてもらおう（そして地元のイヌの飼い主の方々とヤギ部の部員がその様子を観察しよう）、というかなり過激な催しだった。

〝過激〟というのは、**草食哺乳類のヤギと肉食哺乳類のイヌ**は、野生では**「餌と捕食者」**という関係にある、という点を指している。

もちろん、できるだけヤギにストレスがかからないように現地で様子を見ながら、ミーティングの形態を調整しつつ行おうということで踏みきった。

「ヤギとイヌのミーティング」**……誰でもちょっと興味を感じる話だ。**

連れていったのは、コムギとキナコ、アズキだった。

Mｏさんの話では、イヌの飼い主の方々は、ヤギとの出合い、そしてイヌとヤギとのふれあいを見ることを楽しみにしておられるとのことだったが（部員もそうだ）、私は次のような点も見てみたいと思っていた。

現在、ペット（あるいはアニマルコンパニオン）として飼われているイヌの祖先野生種はもちろん、ヤギの祖先野生種のようなウシ科（ヤギはウシ科に属する）の草食哺乳類を餌にしていた。逆に言うと後者は前者によって捕食されていたのだ。

そうなると動物行動学的に考えて、後者の遺伝子が現在のヤギたち（つまりコムギたち）に受けつがれていたとすると、また、前者の遺伝子が現在のイヌたちに受けつがれていたとすると、「ヤギとイヌのミーティング」で、いったい何が起こるだろうか**（そんな無責任な――！）**。

さて、カニスのグラウンドでイヌたちが元気に走りまわっているところへ、三頭のヤギを乗せたわれわれの車が到着した。

するとさっそくイヌたちが、ヤギのニオイに気づいたのか、フェンスの向こうから集まってきて車を止めたすぐそばのフェンスごしに軽トラの荷台のほうを見つめ、せわしなく動きはじめた。それにつられるようにイヌの飼い主の方々も近寄ってこられた。

一方、ヤギは明らかに怖がっていた。軽トラの荷台から降りようとはしなかった。

その様子を見てMoさんが、イヌの飼い主の人たちに、「ひとまずイヌを連れてグラウンドの向こうへ移動してください」と言ってくださった。

イヌたちはリードをつけられ、**未練いっぱいな様子で**〝向こう〟へ引っ張られていった。

五〇メートルほど離れた場所から飼い主にリードで引っ張られた状態でイヌたちが見守るなか、ヤギたちはリードで引っ張られながら緊張した様子で荷台から降りてきた。部員たちはヤギたちをリラックスさせようと首にさわったり話しかけたりしている。

ヤギたちはイヌたちが遠くに移動したことで少しリラックスしたのか、リードで引っ張られるとグラウンドのフェンスのなか

イヌたちは未練いっぱいな様子で 50m ほど離れたところに連れていかれ、ヤギたちは緊張した様子で軽トラの荷台から降りてきた

に入ってきた。

こうして、まずは、**ほほえましい「ヤギとイヌのミーティング」はありえない**ことがわかったのだ。これは動物行動学的には正しい結果だ。

では次は……？

Ｍｏさんとわれわれとで相談し、ヤギをグラウンドの隅につくられていたフェンスの囲いのなかに入れ、フェンスをはさんでゆっくりとヤギとイヌを出合わせることにした。

部員全員囲いのなかに入り、声をかけてやることでヤギたちも少しずつ緊張を緩めていき、その様子を見て私は、**「じゃ、ゆっくりイヌたちを近づけてみてください」**とＭｏさんにお願いした。

イヌたちが近づいてくると、ヤギたちは最初の反応とは違い、イヌという、少なくともキナコやアズキにとってははじめて見る動物に、緊張しながらも**興味を示すようなそぶり**をした。

やがて、（温和で、それでいて好奇心旺盛な性質を有する犬種である）ラブラドール・レトリバーが、キナコとフェンス越しに顔を近づけ、鼻がふれあわんばかりの距離からお互いにニオイを嗅ぎあいはじめた。

「ヤギとイヌのミーティング」らしくなってきた。

一方で私は、「狩り行動に学習が果たす役割」といったものに思いをめぐらしていた。

いくらイヌ科の肉食哺乳類とはいえ、草食哺乳類を狩る行動の発達には、親や年上の個体とともに行なう狩りの経験や学習が必要だろうと。

そんな経験や学習をしていないラブラドール・レトリバーは少なくとも写真の段階では、ヤギを獲物だとは認知していないように見えた。

こうしてヤギたちがイヌにそれほど警戒心をもたなくなったころ、それじゃあ小さなイヌをフェンスの囲いのなかに入れて、**直接ヤギとふれあわせてみましょう、**ということになった。

まずはチワワである。

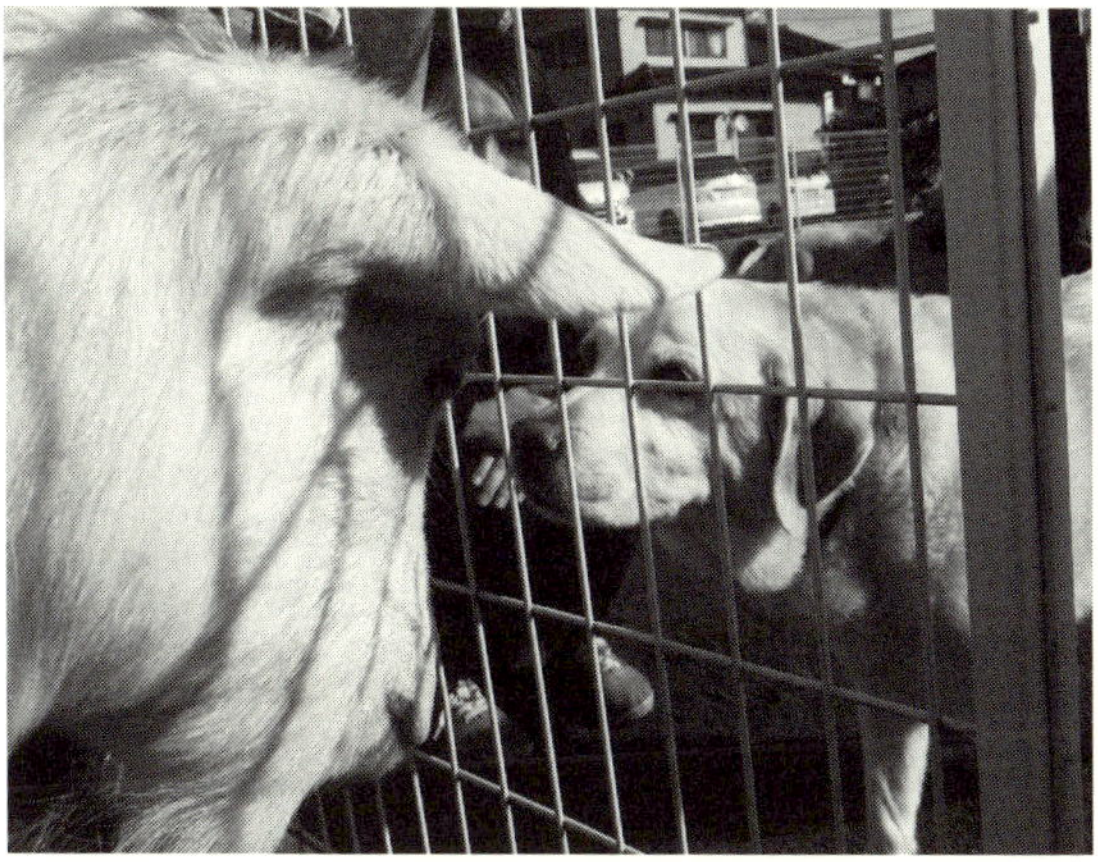

ラブラドール・レトリバーにフェンス越しに対面するキナコ。ヤギとイヌのミーティングらしくなってきた

それが下の写真である。

さすがにイヌがチビだと、**ヤギ（アズキ）は上から目線だ。「このちっこいのは何だ」**とばかりにじっと見つめた。チワワは怖さと好奇心に揺れながら、といった感じで、これまたじっとヤギを見つめた。これもまー「ヤギとイヌのミーティング」の一場面ということだ。


ちなみに私の課題であった「捕食者としてのイヌと餌としてヤギの出合いや如何《いか》に」については、そういった関係の確立にはかなり学習が関与するのだろう、という示唆を得たのだった。

ただし、ヤギは近くに寄ってきたイヌに対して、ヤギ同士ではけっして行なわない威嚇行動

チワワをヤギの囲いのなかに入れてみた。さすがにアズキのほうが大きいので上から目線だ

を安定して行なうこともわかった。

先にも述べたが、前肢を一〇センチほど持ち上げ、前方の地面に叩きつけるのである。何かを踏みつぶすような動作である。これはウシ科のほかの動物の数種でも知られている行動で、動物行動学では「意図動作」と呼ばれる行動に入るものだと思われる。

たとえばヒトの場合、次のようなことを見たり、自分が実際に行なったりしたことはないだろうか。数人でテーブルに座って話をしていて、そろそろ自分はその場から離れようとしたとき、まずは少し腰を上げるような動作をしたり、テーブルに手をかける動作（立ち上がるときにしばしば出現する動作）をして、〝その場を離れる〟行動の不完全体の動作を行なう。つまり〝意図〟が動作の一部分を発現させるのだ。

ヒト以外の動物でも、たとえば闘牛のウシが突進する前に脚で土をかくような動作を何度か行なう。これは〝前進〟の意図動作である。

ヤギの「前肢を一〇センチほど持ち上げ、前方の地面に叩きつける」動作は、実際に相手に前肢で一撃をくらわすぞという意図を相手に伝え、威嚇する働きをもつ行動なのだ（きっと）。

さて、そろそろ**もとの話にもどろう。**

「ヤギとイヌのミーティング」から半年くらい過ぎていただろうか。

私はカニスのＭｏさんに連絡して事情を話し、Ｍａさんの実験について協力をお願いした。Ｍｏさんは快く承諾してくださった。

それから数日後、一連の道具を持ってＭａさんと私はカニスにおじゃまし、ヤギの場合と同様な手順で実験を行なった。

結果は失敗だった。

餌（ジャーキー）にかぶせる透明容器、不透明容器はヤギの場合と同じにしたのだが、イヌの嗅覚はヤギの嗅覚より数段敏感らしく、容器と床との接地面の**わずかな隙間からもれ出るニオイをしっかりと感知**するらしいのだ。

餌に不透明の容器をかぶせるとほどなく接地面に鼻をつけ、鼻をなかに押し入れようと容器を押しつづけた。容器は移動し、やがてイヌは餌に到達して喜んで餌を食べるのだ。

それ以上に困ったのは、そもそも実験の準備段階で、実験に使う餌をビニール袋から出したり所定の場所に置いたりするとき、**人の体につく餌のニオイさえもイヌは感知する**らしいのだ。

この状況への対策としてＭａさんと私が考えたのは、「紙粘土で実験に使うジャーキーとそっくりなものをつくる」というものだった。

イヌが視覚的にだまされるような、本物とそっくりの紙粘土ジャーキー（イヌにとっての餌のニオイはいっさい発さない）をつくるのだ。
そしてＭａさんは視覚が発達したホモ・サピエンスという動物でさえ区別がつかないくらいの紙粘土ジャーキーをつくってきた。再び私はＭｏさんに実験のお願いをした。

実験の日はきた。

Ｍｏさんが準備してくださったイヌは、おしゃれな縞模様の服とジーンズを見事に着こなしたシュナウザーだった。
まずは、ビニール手袋をして本物ジャーキーを見せ（ニオイも嗅がせ）**「わーっ、食べたい」**という気分にさせる。

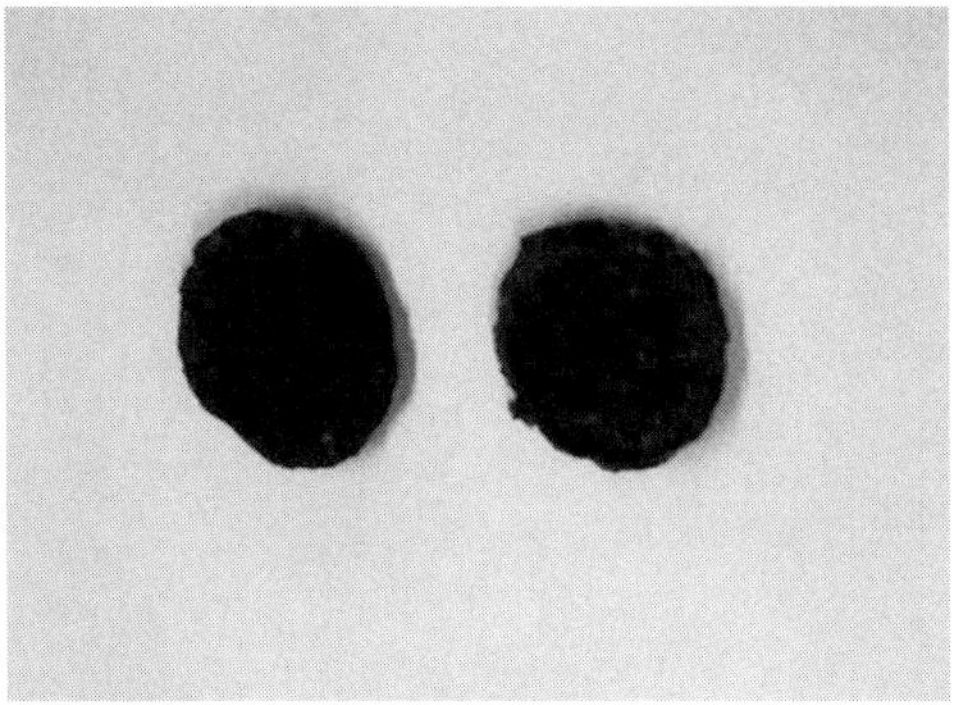

嗅覚が敏感なイヌが視覚的にだまされるような、ニオイのしない紙粘土のジャーキー（左）を、本物（右）そっくりにMaさんがつくった

次に本物ジャーキーをビニール手袋ごとニオイのもれない袋に入れ、もう一方の手に隠し持っていた紙粘土ジャーキーをイヌに見せ、それを地面に置いて透明容器をかぶせる。

するとイヌは紙粘土ジャーキーを食べようと、透明容器を鼻で押したり、地面と容器の隙間に鼻を入れようとしたり、いろいろ努力した（**だまされて！　成功！**）。

その試行を記録し、確認したあと、いったん実験を中断する。

それから今度はヤギの場合と同じように、不透明の容器で透明容器のときと同様の実験を行なったのだ。

その結果、どうなったか？

イヌは、ヤギの場合とは違って、不透明容器

おしゃれな縞模様の服とジーンズを着たシュナウザーが実験に参加してくれた

をかぶせても、透明容器のときと同じように「容器を鼻で押したり、地面と容器の隙間に鼻を入れようとしたり、いろいろ努力した」のだ。**なかには餌があるんだ！**　とばかりに。

さて、どうだろう。

「ヤギの認知世界、イヌの認知世界——草を食べるか動物を食べるか……それが問題だ」

動く餌を追って狩りをすることが多い肉食哺乳類は、**見えなくなった餌の居場所を脳のなかで見つめる。**

動くことのない餌を食べる草食哺乳類は、視界からまったく消えた餌の場所を**脳のなかで執拗に追ったりはしない。**

そしてその脳が描き出す世界が、ヤギの世界、

イヌはヤギと違って、餌に不透明容器をかぶせても、透明容器のときと同じように鼻で押したり、隙間に鼻を入れようとした

イヌの世界なのである。

　そして、われわれホモ・サピエンスが感じている世界も実際の外界の断片であり、その断片は、ヤギやイヌの断片がそうであるように、ホモ・サピエンスの生存・繁殖に有利な断片なのだ。

　単にヤギと無邪気に戯《たわむ》れているように見える私は、じつは（もちろん自慢が一番苦手な私はこんなことを人前で言ったりすることはまったくないが）、生物の認知世界といった難しいことも常に考えているのだ。

帰ってきた
カスミサンショウウオ
大学林につくった人工池で三年後に起こったこと

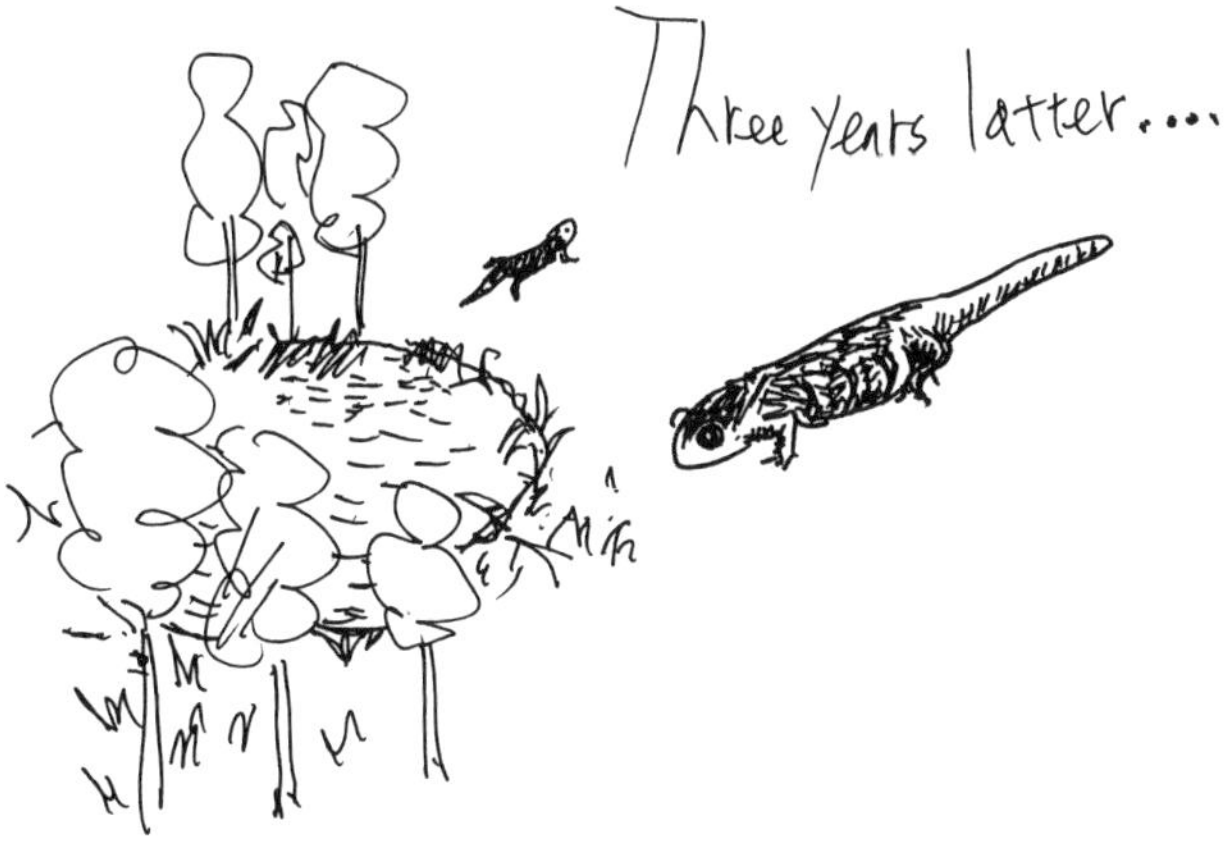

カスミサンショウウオは、岐阜県から九州の北西部にかけて分布する日本固有のサンショウウオであり、一方で、各地でその生息場所の消失が報告され、絶滅危惧種に指定されている。

今年の春も、私がタナカ池と呼んでいる大学林のなかにたたずむ池で、カスミサンショウウオの卵塊が確認された。

立派な雄も確認され、**「よかった、よかった」**とつぶやきながら、私は今から九年前のタナカくんの奮闘を思い出すのである。そして、その後、池をめぐって起こったいくつかの出来事に思いを馳せるのだ。

なぜタナカ池と呼ぶかというと、(まんまで悪いが)タナカくんがつくったからである。

当時、タナカくんは、卒業研究で「カスミサンショウウオの繁殖地の創出」を行なっていた。大学の周辺にはカスミサンショウウオの繁殖水場(池や田んぼわきの水路など)がいくつか見つかっており、大学林のなかにも、かつては水場だったのではないかと思われる地形の場所が見られた。大学創設時の敷地の造成が地下の水の分布にも影響を与えたのかもしれない。

早春、カスミサンショウウオの繁殖水場に網を入れると、さまざまな発生段階の胚(卵から幼生にいたる途中の個体）がゼリー状のチューブのなかにおさまった卵塊が、網の底に姿を見せた。

なんとも濃密な生命の香りをただよわすその姿は、**さわやかさとちょっとしたエキゾチックさが入りまじった独特の輝きを放った。**

カスミサンショウウオの繁殖期は、鳥取県では、二月から四月のはじめまで続く。

繁殖期になると、雄が先に水場に入り、少し遅れて水場に入ってくる雌をじっと待っている。水中に入ってしばらくすると雄の尾は膨張しはじめ、水中でスムーズに動けるように平たいオールのような形態になるのだ。

やがて雌がやって来ると、雄は体を揺らし求愛行動を行なう。そしてもし雌が雄の求愛に説

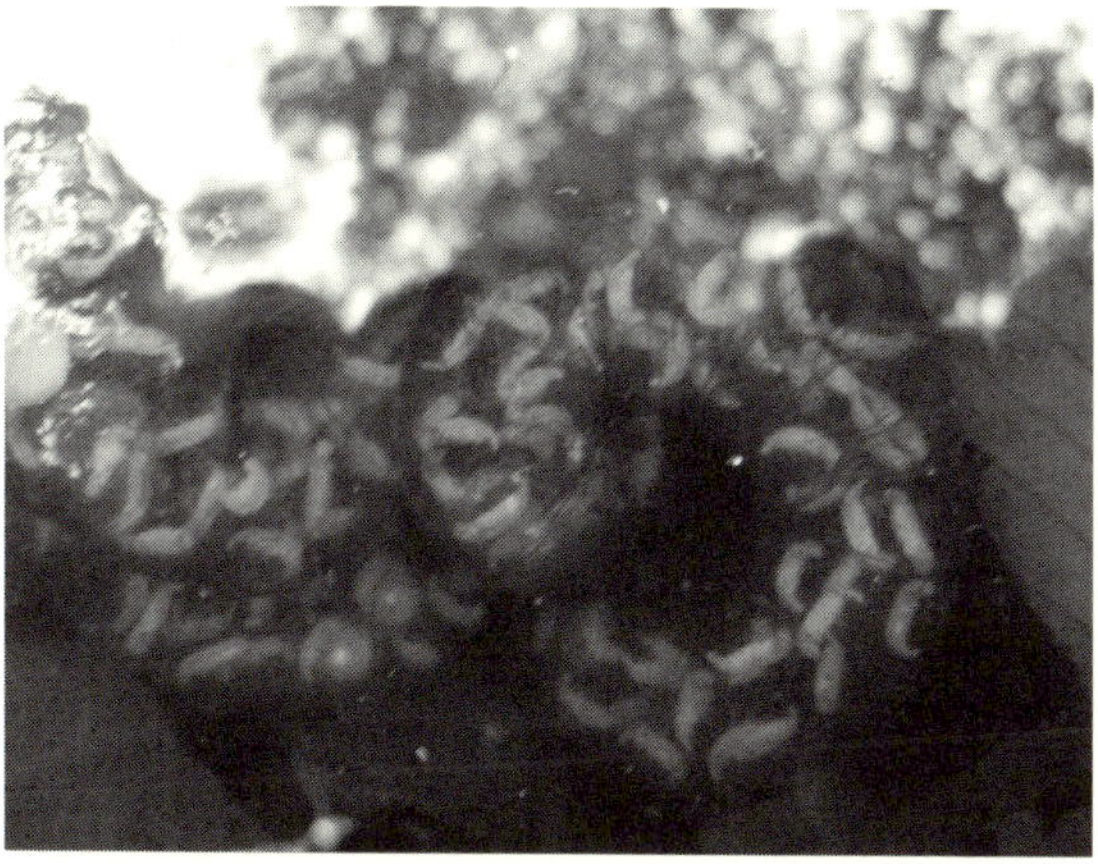

カスミサンショウウオの卵塊。さまざまな発生段階の胚がゼリー状のチューブのなかにおさまっている

得されて**「ここに産卵するわ」**という話になると、雌雄がくっついた状態で産卵が始まり、雄が精子を放出して受精卵を含んだ卵塊が誕生することになる。

もてる雄は、複数の雌に気に入られ、水中の縄張りのなかには複数の卵塊が存在するということになる。

ところで「早春になるとカスミサンショウウオは水場に入り数カ月の繁殖期が始まる」とお話ししたが、ということは、それ以外の時期（一年の約四分の三）は、彼らは陸上で生活していることになる。いや、実際そうなのだ。そしてその時期の彼らの姿を見つけることがとても難しいことが、**カスミサンショウウオの研究にとって大きな壁**になっているのである。なにせ陸は広く、成体がいる場所を見つけることは至難の業《わざ》だからだ。

カスミサンショウウオに発信機をつけて、彼らの陸上での移動状況を探ろうとした研究などもあるがうまくいっていない。

だから私は一度**真剣に考えた**ことがある。

陸上のカスミサンショウウオの探索を、**イヌ（！）に手伝ってもらえばいい、**と。

この考えを思いついたときは結構うれしかった。私はイヌが大好きだし、方法がとてもエレガントでロマンに満ちているではないか。生物学的に創造的でソフィスティケイトされていると言ってもいいだろう……**チョットイイスギマシタ。**

イヌを訓練して、ヒトの何千倍も敏感なその嗅覚で、産卵が確認された水場周辺の陸地を探してもらうのだ。落ち葉の下などに潜んでいるカスミサンショウウオがどんどん見つかるかもしれない（空港で乗客の荷物に隠された麻薬を探るイヌを想像してみていただきたい）。画期的な発想だ。**すばらしい……チョットイイスギマシタ。**

私はすぐに行動に移した。

大学の事務局におられた、警察署を退職して大学に再就職されていた方のところへ行って、警察犬の訓練施設について聞いてみた。

「鳥取県には警察犬の訓練所はありません」が答えだった。……**「へっ⁉」**みたいな感じで私の挑戦は終わった。

でもそのかわりにと言っては何だが、一般家庭のイヌの訓練を専門的にやられている方の連絡先を教えてもらった。まー、ここは贅沢なことは言っておれない。犬好きのゼミ生のＹａくんを誘ってその訓練所に行ってみた。カスミサンショウウオのかわりにアカハライモリを携えて。

結論から言おう。

「そりゃあ先生。先生が仔犬のころから飼って、地道に訓練しないとだめでしょう」………

「へっ⁉」みたいな感じで私の挑戦は終わった。

ちなみに、訓練所の方は、次のようなパフォーマンスは見せてくださった。

私が連れていったアカハライモリの背中をティッシュペーパーにこすりつけ、無処理のティッシュペーパー三枚とともに、横一列に並べて板の上に置く。そして、一〇メートルほど離れたところから、あらかじめアカハライモリのニオイを嗅がせておいたラブラドール犬を「ゴー」とかなんとか言って放す。するとラブちゃんは、四枚のティッシュペーパーのところへ行ってニオイを嗅ぎ、アカハライモリの背中をこすりつけたティッシュペーパーだけをくわえて持って来る。

でも、そこから私が望むような状態にまで導こうとすると………「仔犬のころから飼って、地道に訓練しないとだめ」なのだそうだ。

さて、タナカ池の話にもどろう。

人間の活動の発展とともに絶滅の危機に陥っている野生生物を救うためには、生息環境が残っている場所で生きている一つひとつの個体群（これを局所個体群と呼ぶ）の数を増やすとよい。そうすればいくつかの個体群が絶滅しても、〝元金〟が残っていれば、また環境が改善すれば個体群が復活できるからだ（ある地域全体に存在する局所個体群をひとまとめにして認識したものをメタ個体群と呼ぶ）。

タナカ池をつくるということは、そういった局所個体群の数を増やし、メタ個体群を拡大することになるのだ。

カスミサンショウウオが生息できるのは、適度な深さと面積をもつ水場、そしてそれを取り囲む、土壌動物（トビムシやワラジムシ、ダニなど）が林床に豊富にいるうっそうとした林だ。「うっそうとした林」のほうは大学林が提供してくれる。あとは水場だ。

そこで、タナカ池の構想が生まれたわけだ。

タナカ池を大学林のしかるべきところにつくり、近隣の局所個体群からカスミサンショウウオを連れてくれば、新しい局所個体群が生まれる可能性がある。

タナカくんは私と相談して、水がたまりやすく、カスミサンショウウオの成体が周囲で生きやすい場所を決め、計画にしたがってスコップと鍬《くわ》とツルハシで地面を掘りはじめた。

作業は困難をきわめた。土そのものが硬いし、大小の石がたくさん交じっているし、なによりも木の根っこがそこかしこにびっしりと走っている。

それでもタナカくんは掘りつづけた。

タナカくんが掘りはじめてから約一週間後、**現場に行ってみた私は驚いた。**見事な水場（まだ水は入っていなかったが）ができているではないか。

土掘りはもういいだろう。次はビオトープ用のシートの出番だ。底面にそってシートを丁寧に敷きつめ、薄く土をかけていく。水場の縁の部分には、石や土を置き、シートがずれないように固定する。

そんなこんなで、タナカ池の外枠は完成したのだ。

外枠ができたら〝水入れ〟だが、**これがまた苦労した。**山中なので、「水道からホースで」というわけにはいかなかったのだ。当然、バケツで運ぶしかない。**タナカくんは頑張った。**

底に枯れ葉を敷き（それがやがてカスミサンショウウオの餌の、そのまた餌になるのだ）〝岸辺〟に草を植え、水がその地になじむのを見守った。そして春になるの待ち、いよいよタナカ池にカスミサンショウウオを入れるときがきた。

ただし、カスミサンショウウオといっても成体ではない。なかに卵が詰まった卵塊だ。

大学林のなかにつくっている途中のタナカ池（長径約 2.5m）。絶滅の危機に陥っているカスミサンショウウオの局所個体群を増やすために計画したものだ。ここまで掘ればもういいだろう。あとはビオトープ用のシートを敷いて、水を入れれば完成だ

周辺のいくつかの、カスミサンショウウオが産卵する水場から取ってきた卵塊だ（それぞれの水場にはかなりの数の卵塊が産みつけられるから、一つや二つ移動させても大丈夫）。

仮に、やがて幸運にもタナカ池が繁殖地になったとき、遺伝的に異なる個体同士で交配が行なわれるようにしておかなければならないからだ。

そして、その日から**タナカくんのタナカ池チェックが始まった**のだ。つまり、タナカくんは、日々の経過にともなう卵の発生の状況を調べていくわけだ。

やがてゼミの発表会で、タナカくんから、発生は順調に進み、すでに何匹かの幼生（カエルで言えばオタマジャクシにあたるもの）が、卵塊のチューブから外に泳ぎ出しているという報告を聞いたときには安心した。

さらに数週間して、幼生の体長が増加していき鰓《えら》も小さくなりはじめたと聞いたときには、**「いよいよ上陸か」**といううれしい気持ちと、「上陸したら森で生きぬき、**ほんとうに三年後に池にもどってくるのだろうか」**という不安な気持ちが交錯した。

〝三年〟というのは、これまでのカスミサンショウウオの生態研究から推察されている年数である。この間に、幼体は陸上で土壌動物を食べ、繁殖可能な成体に成長すると考えられている。

私も実際に池で上陸直前の子どもたちをすくってみた。私にとってはごく見慣れたものだったが、タナカ池の意味とタナカくんの奮闘を考えると、特別な幼生のように感じられた。

それからしばらくして、池のなかには幼生は一匹もいなくなりました、とタナカくんが教えてくれた（ちなみに、それまでのいろいろなデータをまとめて、タナカくんの卒業論文はできあがった）。

あとは「三分間」ならず「三年間」待つのみである（若い方たち、〝三分間〟の意味、わかる？）。

カスミサンショウウオがもどってきたら**なにかすごいなー、ロマンだなー、**とは思ったが、正直、あのちびっ子たちが、風格たっぷりな成体になって池にもどってくる場面をリアルに想像することはちょっと難しかった。

タナカくんは卒業していった。

それから時は過ぎていったが、私はタナカ池を見守りつづけた。タナカ池のまわりはシロアリを使った学生実験の場であったし、「ミニ地球」（「ミニ地球」が何かわからない方は、〝小林〟〝ミニ地球〟でググってみてください。『先生、子リスたちがイタチを攻撃しています！』

にも書いてあります。生態系を体感するための、インテリアとしてもいかしたチキュウである）をつくるのに最適の場所でもあった。ニホンモモンガの野外ケージもその近くにつくった。

その林に行ったときは、なるべくタナカ池を見るようにした。

クヌギやコナラの枯れ葉が池に降りそそぎ、ギンヤンマが産卵し、モリアオガエルも池に張り出す木の枝に白い卵塊を産みつけた。

時々水中を網ですくってみたが、カスミサンショウウオの卵も幼生もいなかった。当然だろう。そうしてさらに時は過ぎていった。

あるとき、研究室に二人の学生が訪ねてきた。気持ちのよい春の日だった。

二人とも手にバケツと網を持っている。見るからに**「ぼくたちは動物が好きです！」**といった顔つきをしている。〝顔に書いてある〟というのはこういうことをいうのだろう。一年生の野外実習で活発に活動していた学生たちだ。記憶にあった。

私の顔を見るなり開口一番、言うのである。

「大学の裏山の池にこれがいました！」

「どれどれ」とのぞきこんだバケツのなかには、水中の枯れ葉の断片の間に黄色っぽい小さな動物が数匹見えた。

私はドキドキしながら聞いてみた。

「これどこで捕ったの？」

学生たちの説明を聞いて、私は**やったーと思った。**それは間違いなくタナカ池だ！

仕事を中断して学生たちと一緒に行ってみた。確かにタナカ池だった。

私は学生たちから網を借り、見事な網さばきで、ねらいをつけた池のいくつかの地点を探り、ぱっと持ち上げた。そんなことを何度か繰り返した。

網には、学生たちが採取したのと同じくらいの時期の幼生や、まだ内部に胚を包んだままの卵塊が入った。池の雄は、複数の雌に産卵させていたのだ。そして、最後に上げた網のなかに、枯れ葉にうずもれて体をくねらす立派な雄が入っていたのだ。

学生たちは興奮していた。

どうだ。これがカスミサンショウウオだ。

「ぼくたちは動物が好きです！」

と顔に書いてある学生たちがバケツと網を持って私の研究室を訪ねてきたのは、タナカくんが池に卵塊を入れてから……**三年目（！）の春だった。**

私は信じている。カスミサンショウウオが生まれた池に帰ってきたのだと。

そしてそれから春には毎年、タナカ池ではカスミサンショウウオの産卵が見られた。

あるとき私は、ブログ（「ほっと行動学」http://koba-t.blogspot.jp）に次ページのような文章と写真を載せた（なかなか詩的な文章だ。いや、自分で言うのもなんだが。アクセス数もなかなかのものだった）。

文章のなかに「カスミサンショウウオ・ビオトープ」と書いたものがほかならぬタナカ池だ。

毎年春には、タナカ池のカスミサンショウウオに会うのが恒例の行事のようになった。


昨年の初夏のことである。

私は学生たちとタナカ池の近くのコナラの大木の下でミニ地球をつくっていた。

ミニ地球をつくるときは、ふだんは森に入ってもあまりまじまじと観察することはない地面（林床）をしっかり見つめる。

小さな小さな木の芽生えや、コケや、枯れ葉の間一面に広がる菌類、せわしく動きまわる小さな土壌動物たち、成熟までいたらず落下した木の実………いろんなものが見えてくる。

ミニ地球は、青い地球（人も含めた豊かな生物が生きる地球）が青い地球であるために必要

サクラ散って、
そして桃色カスミサンショウウオ

大学の裏山の林の中のカスミサンショウウオ・ビオトープに、散ったサクラの花びらが浮いている。2月の終わりから雌を待って水中に潜んでいる雄はまだビオトープを離れない。すでに、2匹の雌が産卵してくれたのだが、まだ新しい雌を待っているらしい。

網で底をすくってみたら、サクラの花びらをまとった雄が入っていた。
だから、「サクラ散って、そして桃色カスミサンショウウオ」なのだ。

そろそろ雄は水場を離れるだろう。林の落ち葉の下で来年の冬の終わりまで過ごすのだ。でも今は、水中の感触が名残惜しいのだろうか。サクラの花びらに後ろ髪を引かれるのだろうか。

なとても大切な出来事を、小さな透明の球のなかでそのまま進行させるのである。だからミニ地球は見る人の心によって見え方が随分と違ってくる。生物たちの息づかいが感じられる人にとっては、それは〝ミニ地球〟なのである。

そんなミニ地球をつくっているとき、**ある倒木が妙に気になった。**

そもそも**林床の面白さを知ってしまった人間**は、倒木があるとなんだかその下が見たくなって持ち上げてみたくなる。倒木は昆虫などを含めた動物にとって、餌となり棲《す》みかになる。だからそんな動物たちと会えることを期待して、ついつい持ち上げてみるのだ。

ある倒木が「持ち上げてみろ、ほら、持ち上げてみろ」とささやきかけてきた。持ち上げてみると……

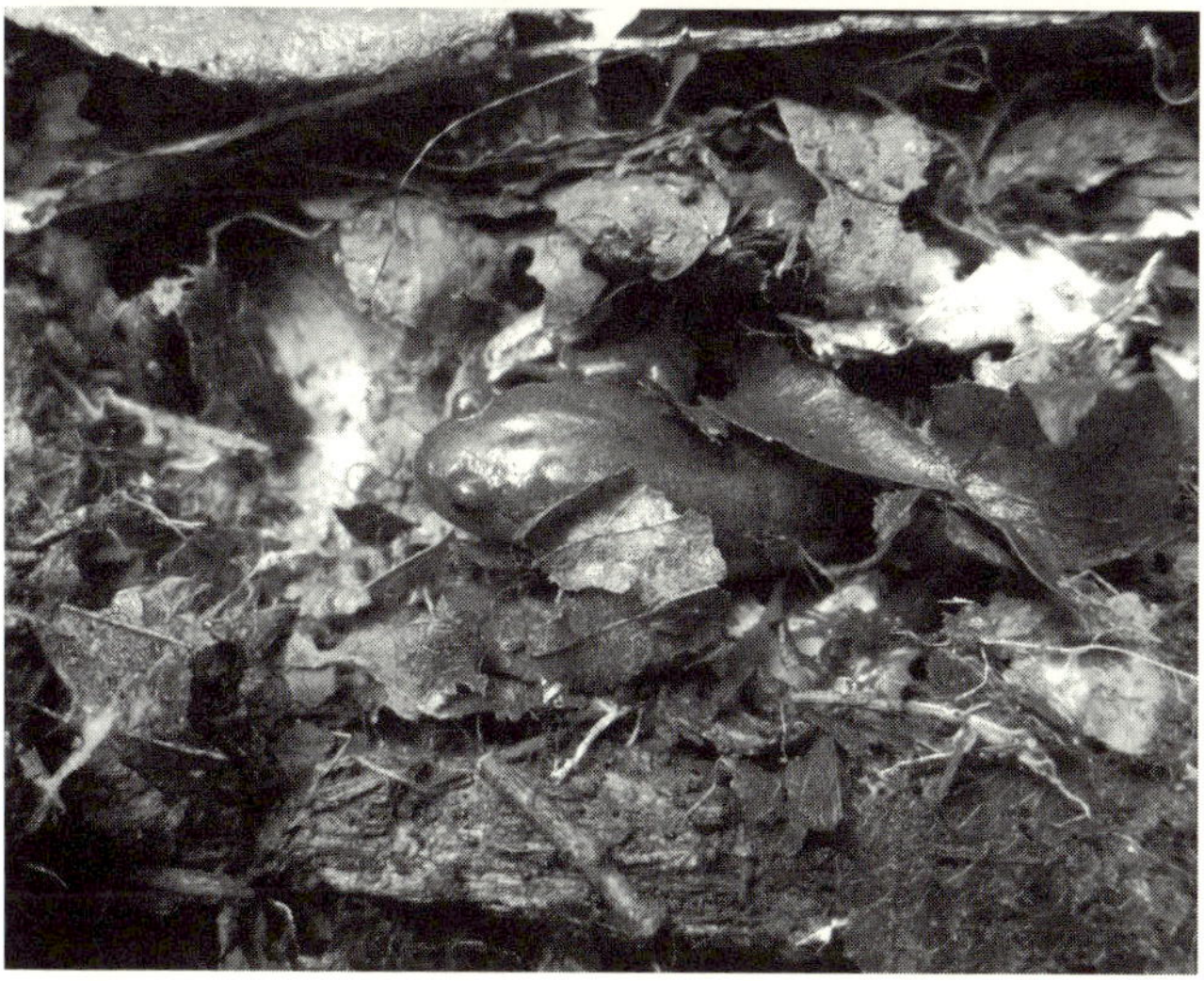

すると、なんと倒木の下の地面に、枯れ葉をまとったカスミサンショウウオの成体が潜んでいた

そのときは、ある倒木が特に気になった。

メルヘンチックに言えば、その倒木が私に**「持ち上げてみろ、ほら、持ち上げてみろ」とささやきかけている**ように感じたのだ（メルヘンではなくホラーかもしれない）。

そのささやきに**抵抗できず私は倒木を持ち上げてみた。**

すると！　なんと！

倒木の下の地面に、枯れ葉をまとったカスミサンショウウオの成体が、迷惑そうな顔をして潜んでいたのだ。

私はうれしかった。そして**迷惑そうな顔をしたカスミサンショウウオ**が、タナカ池個体群の一員であることを確信してこう思ったのだ。

「ああっ、君たちはこんなふうにして陸上生活を送っているのか」

タナカ池はもう大学の林の生態系の一部として、カスミサンショウウオたちが春の訪れとともに陸地から移動し産卵する故郷になっているのだ。

Yuruse. Omaena
tamenand !!

また飛べるようにならなきゃ野生にもどれないんだぞ！

心を鬼にした涙のコウモリ大特訓

私が学生たちと一緒に行なっているコウモリの研究は、大きく分けると、野外調査と室内での実験の二つだ。

後者の場合、野外から連れてきたコウモリを数週間、飼育室で飼育しながら実験し、実験が終わったらもといた場所に返している。

ゼミ生のIさんは卒業研究で「洞窟性コウモリ三種における休息場所環境の選択性の差とその生物学的意味」というテーマの研究を行なっている。

このテーマの研究を行なうことになったきっかけは、私が鳥取県八頭町《やずちょう》の、とある人工洞窟（廃坑）で見つけたテングコウモリだった。

テングコウモリは北海道、本州、四国、九州に生息する日本固有のコウモリである。基本的には樹洞などの植物がつくる隙間をねぐらにしていると考えられているが、まれに洞窟内でも見られることがある。

社会性についても、単独で行動することが多いと考えられているが、洞窟で群れになって休息している例も見つかっている。とにかく発見例が少なく、**まー、生態がほとんど知られていないコウモリ**の一つと言える。当然のことながら、日本の各地でレッドリストにあげられている。

そんなコウモリに冬の洞窟で出合えた私はとても幸運だった。ゆっくりその姿を眺めることができたからだ。

それまでにも一度テングコウモリに出合ったことはあった。ニホンモモンガが生息する鳥取県智頭町《ちづちょう》芦津《あしづ》の森を、夜、歩いているときだった。地面に何か動くものを感じてライトをあてると、ササの茎に翼が引っかかるような状態でコウモリがもがいていた。つかもうとして手をのばすと、手が触れる前にコウモリは自力で身を解き、飛んでいった。

火事場のバカ力みたいなものだろうか。

洞窟内でテングコウモリを見たときは、**体の一部が黄金色に輝いている**ように感じた。あとでまじまじと見ると、確かに首のまわりの毛を中心にして黄金色と言ってもよいほどの美しさだった。

そういえば私が子どものころ黄金バットというヒーローが活躍するアニメがあった。でもそのヒーローの顔はドクロであり、それとはまったく違いテングコウモリはかなりなイケメンだった。

体はキクガシラコウモリに次いで大きかった。**結構、存在感があった。**

ちなみにこのコウモリ………、「テング」と呼ばれるだけあって、鼻の先がちょこっと上につき出ていた。それがまたチャーミングで、黒い顔とそれを取り巻く黄金の毛とあいまって私は、ほかのコウモリに負けず劣らず、**深く魅了された**のだった。

生態が未知のテングコウモリは、大学の飼育室に連れてこられ、すでに実験のために飼育されていたユビナガコウモリやキクガシラコウモリと一緒に暮らすことになった。

コウモリたちは、奥行き五〇×幅七〇×高さ五〇センチメートルの大きな水槽のなかで飼育されており、夕方、餌を与えられ（待ってましたとばかりに彼らは餌にとびつく）、そのあと水槽から出されて飼育室のなかを数時間飛びま

鳥取県八頭町のある人工洞窟(廃坑)で見つけたテングコウモリ。「テング」というだけあって、鼻の先がちょこっと上につき出ていた

わった。

さて、テングコウモリが加わり、毎日三種類のコウモリの行動を見ながら、それぞれの種の特徴に感動していた私であるが、彼らの野生での生活を反映していると思われる興味深い違いの一つが特に気になるようになってきた。

水槽は、できるだけ洞窟のなかの環境に似せるように、なかに石やコンクリートブロックを置いた。もちろん水や餌も。

そんな水槽のなかで、**キクガシラコウモリはいつも天井**（天井は網の蓋になっていた）に、それも天井の中央部近くにぶら下がり、**下に降りることはめったになかった。**

黒い顔とそれを取り巻く黄金の毛……ほかのコウモリに負けず劣らず、私は深く魅了された

水槽の床に置かれた水を飲むときにだけ、**「嫌だなー」**みたいな感じを体中にただよわせ、ぎこちなくコンクリートブロックを伝って降りてきた。そしてあわただしく水を飲んだらさっと、時には羽ばたいて天井までもどっていった。

一方、**テングコウモリ**はまったく様子が違っていた。

テングコウモリは、日中は、水槽の内面に立てかけられているコンクリートブロックの裏面の壁にしがみつくようにして（体勢は逆さである）じっとしていた。

夜になって動きはじめると、さっさと下に降りていき、**慣れ親しんだ様子で床を歩きまわり**、落ち着いた様子で水を飲んだ。コプッ、コプッ、あるいはペチャ、ペチャ、そんな音が聞こえそうだった。

水を飲み終えるとまたコンクリートブロックのほうへ歩いていき、壁を登って、正座でもするかのように、ちょこんと壁にくっついた。もちろん逆さ向きに、である。

では**ユビナガコウモリ**はどうか？

ユビナガコウモリは、テングコウモリが四〇パーセント、キクガシラコウモリが六〇パーセントまざったような状態と言えばよいのだろうか。コンクリートの壁にくっついているときもあれば、天井にぶら下がっているときもあった。ただし、壁にしがみついているときもテングコウモリのように壁に体をぴったりくっつけるのではなく、少し体を浮かせるようにしてぶら下がる……みたいな。

水を飲むときはテングコウモリと同じく、さっさと床に降りて水をおいしそうに飲み、チンパンジーの四足歩行のような感じでコンクリートブロックへと帰っていく。

キクガシラコウモリのように、飛んで天井にもどることはない。

まー、ざっとこんな感じであるが、**〝比較〟とは強力な「気づき」の武器**である。

三種の水槽内でのふるまい方を比較すると、一種だけのコウモリの観察では漫然と（当たり前のこととして）見てしまう行動が、**「えっ、なぜこのコウモリはこうするんだろう？」**と、新鮮な〝気づき〟になるのだ。

そして動物行動学は次のように問うのである。

「水槽内で見られたふるまい方の違いは、それぞれのコウモリの生活全体のなかで大切な意味をもっているにちがいない。**なー、コバヤシよ（私のことです）、その意味がわかるか？」**

説明が長くなった。

以上が、〝ゼミ生のIさんが卒業研究で「洞窟性コウモリ三種における休息場所環境の選択性の差とその生物学的意味」というテーマの研究を行なっている〟理由である。

常々、卒業研究でコウモリのことがやりたいと言っていたIさんに、私がそのテーマを勧めたのだ。


ちなみに、私の頭には**次のような作業仮説**があった。

テングコウモリは生態がよくわかっていないとはいえ、基本的には、ねぐらはおそらく樹洞のなかであろう。だとすると、休息時の環境として、その**隙間に入りこめるような、暗くてせまい空間を好む**のではないだろうか。

一方、キクガシラコウモリは生粋の洞窟性コウモリである。巧みな飛翔技術を有し、空中の虫を器用に捕らえ、地面に降り立つことはまずない。休息場所は洞窟の比較的高いところであり、天井からキウイフルーツのようにぶらーんとぶら下がる。つまり、休息時には**比較的開けた場所を好む**のではないか。

最後にユビナガコウモリである。ユビナガコウモリは洞窟内では、**天井の凹みのような場所**

を好み、そこにぶら下がったり、へばりつくような状態で休息する。つまり、周囲を適度な遮蔽物に囲まれたような場所で、ぶら下がったりしがみついたりして休息することを好むのではないだろうか。

さて、このような仮説を、実験的に明確な形で検証するとしたらどうしたらよいだろう？

Iさんと相談して、とりあえず次のような構造を水槽のなかにつくり、そのなかでのコウモリの行動を調べることにした。

平たく面積が広いレンガを、それぞれの間隔が、四センチ、五センチ、六センチになるように、ドミノ倒しのときのように立てる（レンガの上端は水槽の天井の近くまでくるようにす

3種類のコウモリが好む休息場所を実験的に調べるために水槽のなかにつくった構造を上から見たところ

る)。

そうしておいて、それぞれの種類のコウモリたちが、日中の休息時に、「どのレンガの隙間に入るか、あるいは入らないで水槽の天井にぶら下がるか？」「隙間に入るとしたらレンガの垂直面にしがみつくか、あるいは水槽の天井にぶら下がるか？」「レンガとレンガの間に入るとしたら、どの間隔の隙間に入ろうとするか？また、レンガの上下左右（深さ、奥行き）どのあたりの場所を好むか？」……そんなことを毎日チェックしようというのである。

実験室は日中も暗くした。

同一のコウモリで一週間ほど調べたあと、コウモリを変えて調べ、全部のコウモリについて結果が出たら、今度はレンガを、四センチ、五

次に行なった実験では、レンガを 4cm、5cm、6cm の間隔で水平に並べ、コウモリが休息時にどのような行動をとるかを調べた

センチ、六センチの間隔で水平に並べ、それぞれのコウモリが休息時にどう行動するか（どのような微環境を好むか）、約一週間ずつチェックした。

結果の詳細は長くなるのでここでは省略するが、先にお話しした作業仮説にほぼ合致する内容であった。たとえばテングコウモリは、一番せまい間隔のレンガの隙間に、さらにその一番奥に入って身をかがめて休息し、キクガシラコウモリは、レンガとは離れた、水槽のなかでは一番広い場所の天井にぶら下がって休息した。ユビナガコウモリは二種の中間と言えばよいのだろうか。レンガと天井の間の閉鎖的な空間に入り、天井からぶら下がった。レンガの隙間に入ることもあったが、まれだった。

それぞれの種のコウモリは、環境の細かい点についてもしっかり対応する習性を備えているということがわかったのだ。

さて、じつは、**本章の本題はここから始まる………。**

冒頭でお話ししたように、実験が終わったコウモリは捕獲した場所に放すのだが、今回は一個体についての実験期間がちょっと長かった。その結果、コウモリたちの飛翔のための筋肉が衰えてしまい、**飛翔力が低下したらしいのだ。**

もちろん実験期間中も飛翔はさせた。でも時間はかぎられており、自然界での飛翔の時間には及ぶはずもない。

日数の経過とともに、特に実験期間が長かったコー（私があるユビナガコウモリにつけた名）とチー（私があるテングコウモリにつけた名）は、だんだんと飛翔の様子に陰りが見えはじめ、実験期間の終わりごろになると〝飛びまわる〟にはとても及ばない状況になっていた。

いつも実験後、コウモリを飼育室に放して飛ばせていたIさんも**「二匹が飛んでくれません。**翼はバタバタするんですが床に落ちてしまいます」、みたいなことを伝えてきた。

これは問題だ。

飛翔力がなければ自然界では生きていけない!!

そしてここから、私とコウモリ二匹の**血のにじむようなトレーニングが始まるのだった。**飛翔能力回復に向けての。

チーとコーを飼育室の壁の高いところ（二・五メートルほど）にとまらせ、体をつついて飛翔を促す。すると、二匹ともしかたなく飛翔する。

ところが、羽ばたきはするのだがその力が弱いせいだろう。前方二メートル付近で胴体着陸してしまう。

特にテングコウモリの**チーは深刻だった。**

太ったせいもあったのだろう、一メートルほどしか飛べず、急降下することもあった。

皮肉なことだが、**チーは床を歩くことにかけては見事なまでの進歩を遂げていた。**

飼育水槽のなかで床をよく歩いていたのだろう。トレーニング中に床に落ちたチーは見事なまでの〝歩行〟を行ない、床をササ――ッと移動して机の隅などの物陰に隠れた。

「チーちゃん、あんたほんとにコウモリ？」

「チーちゃん、歩く練習をしてるんじゃないんだけど」みたいな……。

コーはチーより希望が見えた。

壁から飛翔を強いられると、数メートル先に落ちることが多かったのだが、時には床に達する直前で水平に体勢を立て直し、ちょうどペリカンが海面すれすれのところを飛ぶように床の数センチ上を羽ばたくのだ。そうやって五メートルくらい飛んで向かい側の壁に達することもあった。

このまま、しっかり餌を食べて、しっかり練習すればコーはほどなく、自然界でもやっていけるくらいまでの飛翔力を取りもどすだろうと思えた。

問題はチーだ。

私はチーのために、床に何枚も重ねた新聞紙やスポンジシートを敷き、いろいろな飛翔筋強化の方法を実践した。

後ろ足だけ持って上下させると、体が持ち上げられた次の瞬間、今度はふわっと浮いて下方へ移動する。そのときチーは反射的に翼を羽ばたかせる。これを何度も何度も繰り返した。

空中に放り投げ、強制的に飛ばせる方法もやった。

でもチーの飛翔力の回復はなかなか進まなかった。

チーは何度も何度も何度も床に落ちた。

もちろん不快だったのだろう。床の上で私に抗議するかのように**仰向けになって翼を広げ、口を開いて牙を見せた。**ジャーッという声も上げた。

また飛べるようにならなきゃ野生にもどれないんだぞ！

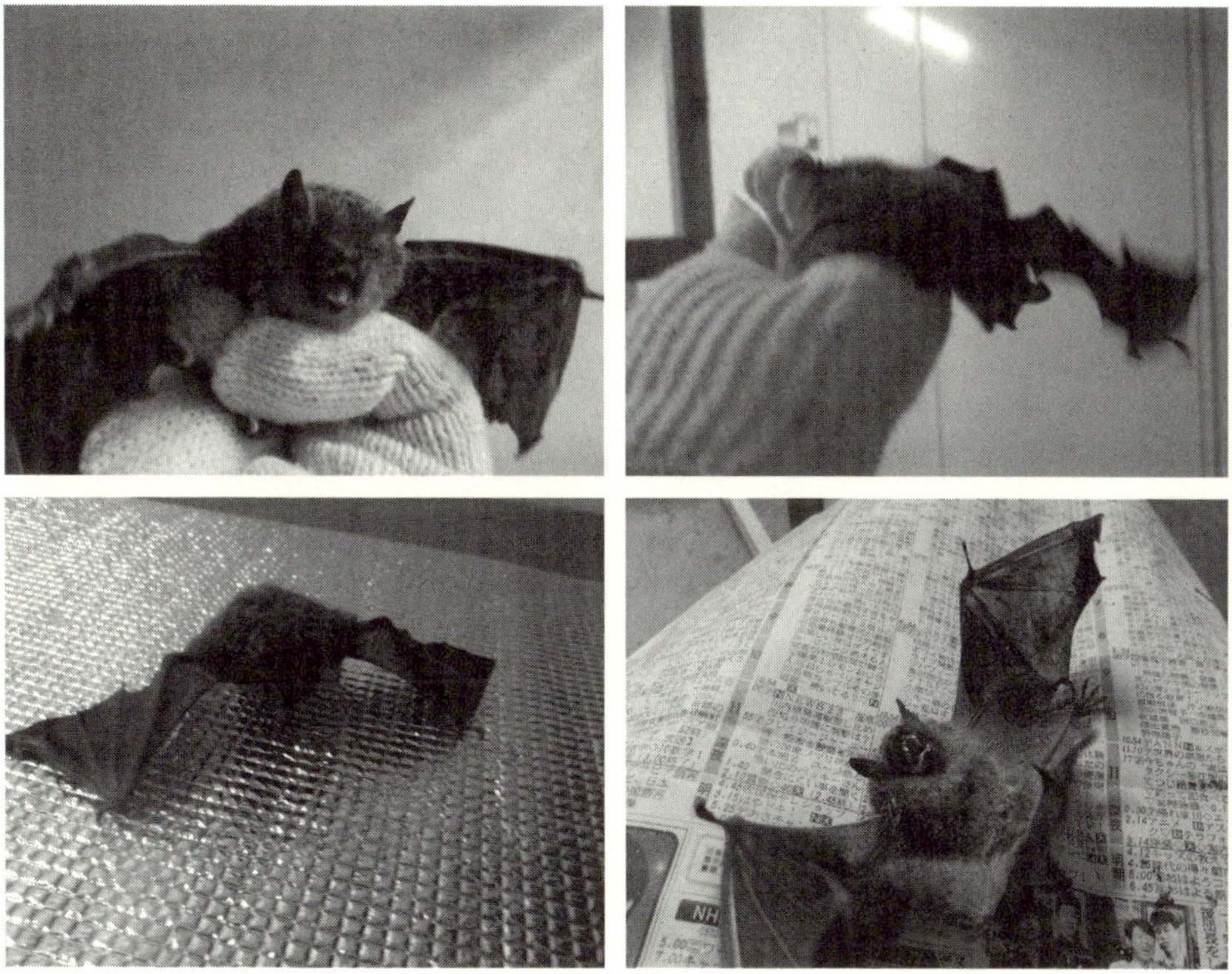

飛翔の猛特訓を開始した。テングコウモリのチーはなかなか上達しなかった。後ろ足を持って上下させると、反射的に翼を羽ばたかせる。空中に放り投げる方法もやった。チーは何度も床に落ち、私に抗議するように仰向けになって口を開いて牙を見せ、ジャーッという声も上げた

そんなチーに、**ごめんな、ごめんな、**と呼びかけ、でも頑張らないともう野生には帰れないんだぞー、と叫んで、またチーを空中に放り投げた。ほんと胸がしめつけられる思いだった。

そんなことを繰り返していたある日、大阪への出張があった。

夜、鳥取駅に帰り着き、それから車で三〇分、大学に行き、コウモリたちに餌をやって、

………再びトレーニングを始めた。

コーはもう大丈夫だった。飼育室のなかを飛びまわった。

まだ完全ではないが、この状態なら野生で広い空を飛びながら、ほどなくもとどおりになるだろう。

さて、次はチーだ。

チーの体を持ち、空中に放り投げた。

そのときのチーの姿を私は**きっとずっと忘れない**だろう。

最初はこれまでのように緩やかな勾配を描いて降下していった。

ところが、床に到達する直前で、突然翼が大きな力を得たかのように速さと振幅を増し、わずかに上昇しながら床すれすれに飛びつづけたのだ。そして飼育室を一周して最後は新聞紙の上に胴体着陸した。

やったじゃないか！

私は驚きとともに涙が出そうになった。

そのあとも練習を繰り返したが、そのたびにチーは、低空飛行ながら、飼育室を一周するくらいの距離を飛びきった。

そんな姿を見ながら私は思ったのだ。

私が大阪に行く前の夜から、**チーに何が起こったのか？**

確かに、特訓を始めてから初期の停滞期を経て、少しずつではあったが飛翔力に向上は認められていた。でもそれは微々たる変化で、とてもその夜の姿など予想することはできなかった。

ひょっとしたらチーも居心地のよい水槽

ある夜、出張からもどって再びトレーニングを始めた。やった！　チーは低空飛行だったが飼育室を１周するくらいの距離を飛びきった

のなかで考えていたのかもしれない。

「確かにアイツの言うとおりだなー。夜の森も飛んでみたいし、アイツも頑張っているようだし、**そろそろ本気を出すか**」……みたいな。そして水槽のなかでずっと猛練習していたりして。

そして、その日からチーの飛翔は質が変わった。

〝低空飛行〟は変わらなかったが、飛翔に格段の粘りが生まれ、なかなか床には落ちなかった。部屋を数周して、壁にとまったり水槽の蓋に着地したり。

もう少し練習をすれば、あとはもう野生で仕上げをすればいい……そんな気持ちにさせてくれるようなチーの頑張りだった。


そしていよいよその日はきた。コーとチーをもとの洞窟に返す日だ。

コウモリを卒業研究のテーマにしているゼミ生のUくんとIさんとともに行くことにした。

ただし、私は最後に一点、**計画の大きな変更を決断した。**

〝もとの洞窟〟へ放すことをやめて、その近くの別の洞窟に放す、という決断だ。

つまりこういうことだ。

〝もとの洞窟〟は鳥取県八頭町の、登山やハイキングには絶好の遠見山《とおけんざん》の中腹にあるのだが、洞窟のなかは外の世界とはまた違う意味でヒトを魅了して離さない（ヒトって私だけだったりして）世界だった。

しかし、完全復活ではないコウモリを放すうえで、**大きな心配事があった。**それは、底に深い水がたまっているということだった。最深部では一メートルをゆうに超すほどで、冷たく澄んだ洞窟特有の水が暗い闇のなかに横たわっていた。

そんなところで、**もしチーが、「よーっし、低空飛行だ！」**と、練習の気分で飛翔したら**いったいどうなるか。**

水につかまって、まず死んでしまうだろう。いったん落ちて毛がぬれると、もうそこから再飛行ということは不可能なのだ。

一方、〝もとの洞窟〟から一〇キロほど離れた場所にある、〝その近くの別の洞窟〟というのは、なかがとても広く底にはまったく水はない。たくさんのキクガシラコウモリやユビナガコウモリがねぐらにしている立派な洞窟だ。チーやコーがまかり間違って胴体着陸しても安全だ。

確かに〝もとの洞窟〟にもどしてやるのがベストだろうが、一〇キロくらいの距離は、そもそも虫探しで一晩で移動するくらいの距離だ。もとの洞窟に帰りたければ、完全に復調してから帰ることもできるだろう。

そう考えて私は、計画を変更したのだ。

出発の直前、私は顔を、チーとコーの顔のすぐそばに近づけて目を合わせ、**「ありがとーねー。元気でねー」**と言って、二個体を移動時用の小さなプラスチック容器のなかに移した。

それをIさんにまかせ、車で〝その近くの別の洞窟〟へ出発したのだ。

車で一時間、最後の一〇分は曲がりくねった山道を運転して、目的の洞窟の近くに着いた。最後は、Iさんに別れの時間をつくってあげようと、私はIさんに、それぞれのコウモリをプラスチックケースから外に出し、洞窟の壁にとまらせてあげるよう頼んだ。

まず、コーからだ。

Iさんは手袋をはめた手で大事そうにコーの体を持ち、背のびして洞窟の壁にとまらせた。と、その瞬間だった。コーは羽ばたいた。羽ばたいて洞窟の入り口のほうへ飛んでいった。**なにかあっけない別れ**だったが、その姿はいっぱしのユビナガコウモリだった。よかった。Iさんが、「こんなに飛べたんだ」みたいなことを言うのが聞こえた。

また飛べるようにならなきゃ野生にもどれないんだぞ！

さて、次はチーだ。

私は**祈るような気持ちだった。**

Iさんがチーを洞窟の壁にとまらせた。

チーが洞窟の壁にしがみついた。そして……。そしてチーは、コーと同じように壁を蹴って飛び立った。

いいぞ、**低空飛行だが勢いよく飛んでいる！**

でも次の瞬間、一〇メートルほど飛んで、チーは胴体着陸した。

体がまだ温まっていなかったのだろう。飛び方はけっして悪くない。私は、あと何度か飛べば十分無着陸飛行が可能だと思った。それまでの訓練の体験からそう思ったのだった。そして野生の飛翔に完全にもど

Iさんが手袋をはめた手で、大切そうにコウモリの体を持って、背のびして、洞窟の壁にとまらせた

るだろう、と。

最後は、私が声をかけながらゆっくりとチーに近づき、そっとつかんで洞窟の壁にとまらせた。

チーは今度はじっとしていた。

少し迷った。連れて帰ってもう少し練習させたほうがいいのだろうか……。

Iさんたちと相談しようとして、二人のところへ行って話をしはじめたときだった。

振り向くと壁にくっついていたチーの姿は、そこにはなかった。

大学前の交差点で
アナグマの家族と出合った話

N先生は見ていた！

夜の一〇時前だったと思う。

私は大学の研究室できわめて真面目に仕事をし、コウモリたちの様子を見たあと、駐車場へ向かった。長い一日が終わり、家に帰るのだ。

その夜は、月が妙に明るく、**何か事件が起こるような予感**はしていた。

まず出合ったのはキツネだった。

車に乗りこみ、さて出発、と思ったとき、座席から見える右側前方の街灯の下に**キツネが狛犬のような姿勢で座っていた**のだ。時々顔を左右に回して周囲の様子を見ていたが、街灯に照らされて浮かび上がるシルエットは、人がほとんどいなくなったキャンパスでリラックスする野生動物の雰囲気をただよわせていた。

そんなとき私は、自分は野生動物が好きなのだなーとつくづく思う。見ていて飽きないし、なにより、人間の生活領域のなかで暮らすキツネの無事をとっさに祈ってしまうのだ。

私はそのシルエットの写真を撮りたいと思い、座席に座ったままでポシェットからカメラを取り出し、キツネのほうにファインダーを向けた。

するとキツネは、こちらをちらっと見たかと思うと、ピョンとはねて駐車場に隣接する林の縁まで移動し、そこからこちらをじーっと見つめてきた。

何か奇妙な時間が流れた。

観察されているのはキツネか私か……みたいな。あるいはキツネといろいろな話をしているような錯覚を感じたり……。

やがてキツネは、会話をやめて身をひるがえして林のなかに消えていった。

私は、なんとなく自分が置き去りにされたような、ちょっと物悲しい思いになった。

車のエンジンをかけると、それまでの非日常の時間がいつもどおりの時間にもどった。まさにキツネにつままれたような気分……。

ちなみに、大学のキャンパスのなかに、それもヤギの放牧場に最近、キツネが巣をつくり、

最近キャンパスのなかのヤギの放牧場にキツネの巣がつくられ、そこで子どもが生まれた

子どもを産んだのだ（それが前ページの写真だ）。

なんとすばらしい大学ではないか。

キツネは知っているのかもしれない。この大学のヤギ部の顧問を、心やさしきコバヤシという教員がやっていることを。

大学正面のロータリーを回って直進し、前の交差点を右折し、気持ちはもう自宅モードになっていた。

と、そのときである。

ライトが照らす前方数十メートル先の、道路の縁石のわきに、**数個のうごめく塊を発見**した。人工的な動きではない。柔らかな動きだ。

外部から操作された動きではない。自発的な動きである。

でも私の心は大して驚かなかった。

「あー、タヌキだな」と思ったからだ。

体は丸々しているように見え、毛並みも悪くない。餌をしっかり食べられているのだなー、よかったねー。車にはねられるなよ……などと思いながら、車の速度を緩めて通り過ぎようとした。

ところがだ。タヌキたちが姿を消したところの真横あたりにさしかかったとき、**目が合ったのだ。**道路と歩道を仕切る縁石にあいている水ぬきの穴から顔を出している動物と。

そして、それはタヌキではなかった。

私の脳がすぐに言った。

アナグマだ！

もちろん私くらいになると、あたりが暗くても、顔の一部を見ただけでタヌキとアナグマの区別はできるのだ。確信をもって。

そのあと私はどうしたか。

もちろん挨拶に行かなければならないだろう。

仮にも目が合ってしまった方をそのまま残して立ち去るわけにはいかない。

車のライトが照らす前方数十メートル先の、道路の縁石のわきに、数個のうごめく塊を発見！

車を路肩につけて、ゆっくりと車から降り、縁石のほうへと近づいていった。

すると、私の真摯《しんし》な気持ちが通じたのか、縁石の穴から顔だけのぞかせておられたアナグマは、**私を出迎えでもするかのように穴から出てくる**ではないか。

いや、感動した。

そして**「こっちに来て」**と、私を案内するかのように、縁石にそって植えられているシャリンバイの垣根のほうへ歩いていったのだ。

垣根のなかで私が見たものは、また私を驚かせた。

アナグマたちは五匹おり（典型的なアナグマの家族だ）、みんなで垣根のなかを行ったり来

縁石の穴から顔をのぞかせている動物と目が合った。アナグマだ！

たり動きまわっていたのだ。

大きさから見て、母親とかなり成長した子どもたちのようだった。

私はうれしさと同時に、正直**ちょっと恐くなった。**

目の前にアナグマの家族がいる。家族で一緒にいるアナグマたちの行動には注意が必要なのだ。場合によっては、子どもを助けようとして親が攻撃してくることもある。

緊張して様子を見ている私に対してアナグマたちはどうしたか。

これがまた私を驚かせ、緊張させた。

みんな私のほうへ近づいてきて、足のあたりを嗅ぎはじめたのだ。それも**熱烈に歓迎**とでも言えばよいのか、私のまわりにまとわりつくよ

「こっちへ来て」とでも言うように、穴から出てきて、縁石にそった生垣のほうへ行くのについていくと……

うにして離れないのだ。時々、明らかに、私の靴やズボンにさわっている!

私は**心のなかでつぶやいた**のだ。

あのなー、私は君らにとって、とてもとても危険な人間という動物なのだ。ちょっとは怖がったらどうだ**(私だけが怖がるのはおかしいだろ)**。

でも、アナグマたちは一向に私から離れようとはしなかった。

じつは、私は、それと似た状況に一〇年前にも遭遇していた。


やはり月が明るい夜だった。

大学の駐車場に接する北側の林で、ちょっとした仕事をしなければならなかった。そのころ、アカネズミがブナ科樹木(コナラ、クヌギ、シラカシ、スダジイ)の堅果《けんか》(いわゆるドングリ)をどのように扱うか、について調べていたのだ。

話が長くなるので詳細は省くが、アカネズミはこれらの種類が違う樹木の堅果に異なった反応を示し、たとえばコナラの堅果は、巣のなかにためるか巣の周囲に埋めることが多いのだが、スダジイの堅果は落ちていたその場で食べてしまうことが多い。そしてそれは、樹木側の、生きて繁殖する戦略とも関係しているようなのだ。つまり、樹木はある意味で、アカネズミを操っているのだ。

まーとにかくそんなことを調べる観察や実験をするため、その日も、時間を見はからって林に向かっていた。

ところが、林に入る手前で、そこに広がるカヤ原にさしかかったときだった。カヤ原ががさがさ揺れたかと思うと、なかからアナグマの親子五匹が出てきたのだ。そして、みんなで私のまわりを取り囲み、靴や脚のニオイを嗅ぎはじめた。

五匹のうちの三匹は、かなり幼い、見るからにかわいいチビ助だった。でも、一番大きな個体（母親だと思われる。アナグマは母系集団をつくり、息子は成長すると集団から出ていく）は、結構大きかった。

この個体が、子どもの身に危険を感じたりして、私に攻撃してきたら（アナグマは本来、気性の激しい動物だ）**私はどうなるの………、**そう思いつつ、私は、立ったまましっとしていた。するとほどなく、一番大きいアナグマが何かを感じたのか、私からさっと身を引き、後退してカヤ原のなかに隠れたのだ。すると、チビ助たちより一回り大きい個体がそれに続いてカヤ原に退《しりぞ》いた。つまり大きな危険は去ったのだ。

ただし、三匹のチビ助たちは、いつまでたっても私から離れなかった。なかには、私のズボンに爪をかけて上（つまり私の顔のほう）を見上げるチビもいた。

最後は、私が、**チビ助たちの愛らしさに負けて**体にさわってやろうと手をのばすと、さすがのチビ助たちも危険を感じたのか、逃げていった。


さて、大学前交差点のアナグマ家族である。

この家族にはチビ助たちはいなかった。大きい個体が一匹、ほかの個体もみんなそこそこ大きかった。

そして、この家族は、一〇年前のカヤ原のアナグマ家族とはちょっと様子が違っていた。

みんな成長した個体なのだから、**それ相応の分別があってもよさそうなものだ。**でも、いつまでたってもだーれも私のそばから離れる様子がなかった。

私は**恐怖感はほとんどなくなり**、野生動物とのふれあいを安心して味わっていた。

これは写真が撮れるのでは、と思い、何枚か撮ったが、アナグマたちが生垣のなかを這うようにして目まぐるしく動きまわるので、なんとかアナグマらしきものが撮れたのは次ページの一枚だけだった。

どうも、アナグマには、新しいものに出合うと、それを危険なものだと感じないかぎり、よくよく探索しようという習性があるらしい。

一方、コバヤシという動物には、アナグマの興味関心をわき立たせる要素があるらしい。文明の香りが染みついた野生のニオイだろうか。

それでも時間の経過とともに、アナグマたちもさすがに好奇心を失ってきたのか、私への接近の頻度は減っていき、やがてアナグマ一家は歩道側の生垣にそって移動を始めた。

大きな個体が先頭を行き、その後を、少し小さめの個体が寄り道しながらついていく、といった様子だった。

私は生垣のそばに立って、一家の行動をじっと見守っていた。

野生のアナグマの習性を観察できる貴重なチャンスだと思って、しっかり見つめていた（科

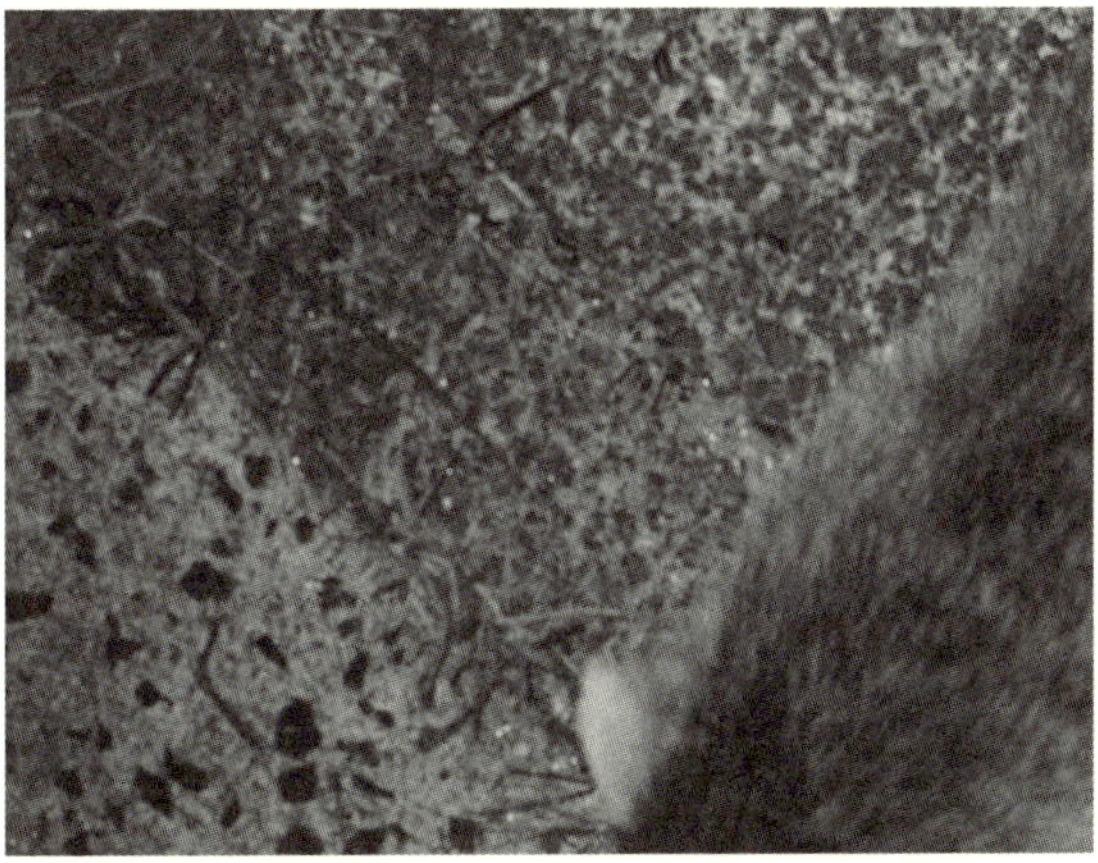

好奇心いっぱいの大学前交差点のアナグマたち。私から離れようとしないので、写真を撮れるかと思ったが……アナグマらしきものが撮れたのはこの 1 枚だけだった

学において、そして動物行動学において、**じっくりと見ることは、大いなる幹**なのだ）。

一方で、私のそんな姿は、**ヒトという動物から見ると、かなり不審**に映ったにちがいない。道路を行き交う車からは、アナグマ一家は見えなかっただろう。ただ、生垣のそばに立ち、一方向をじっと見ている同種（ヒト）の雄の成獣だけが見えただろう。何度か、車からの視線を感じなかったわけでもなかった。でももちろんそんなことより**遙か――に大切なことがあったのだ。**


やがて、群れの先頭を進んでいた大きな個体が、道路を横切る様子を見せはじめた。遮蔽物がない開けたところを通ることには、彼らもためらいを感じるのだろう。おまけに、時々、大きな音をともなった強い光が近づいてくる。不安を感じないはずはない。**見ている私も心配になる。**

でも大きな個体は、車がしばらくとぎれている間に道路の中央に飛び出し、反対側の生垣へと渡っていった。

すると、それに続くように、残りの四匹が道路を渡っていこうとした。私は四匹すべてがすべて渡りきるまで車が来ないことを祈った。

ところが、みんなから少し離れていた**最後の個体が渡りはじめたとき……、**やって来たのだ。

光を放ち音を立てて直進する固い固い大きな物体が。

さすがに最後のアナグマは思いとどまり、もとの縁石と生垣の間に身を隠した。

しかし、すぐに姿を現わし、仲間のところへ行こうとして、道路を渡るタイミングを推し量っているのが見てとれた。

当然だろう。**でも危険である。**

私の頭のなかには、これまで道路で車にはねられ横たわっていたアナグマの姿が思い出された。私は、そんなアナグマを見つけたときには、道路から移動させ、近くの林や草原のなかに置いてやった。だから、はねられたアナグマについての私の想像はリアルである。

もし最後のアナグマが渡っているときに車が来たら、その**前に立ちはだかって車を止めてやろう。**私は、それくらいの気持ちで、心と体の準備をしていた。

それからしばらくしてのことである。

車が何台か通り過ぎた。私はそのたびに緊張しながら様子をうかがっていた。車がとぎれたとき、**「今だよ！　今渡れよ」**と心のなかで叫んだが、アナグマにもいろいろ事情があるのだろう。そうそううまくはいかない。

かなり長い時間がたった（多分一時間以上）。私も疲れてきた。集中力もとぎれていたのかもしれない。アナグマの姿を見失っていた。

そんなときだった。

一台の車が、私が見つめていた場所より一〇メートル近く離れた場所で止まったのだ。

え!?　と思ってそこに目をやると、なんと、ヘッドライトに照らされて、アナグマのシルエットが道路をヒョコヒョコ渡っているではないか。最後のアナグマは渡りきったのだ。

それを確認したかのように車は再び動き出し、視界から消えていった。

「あんたは立派！」

私はその車と、姿は見えない車内の運転手にさわやかな親近感を感じながら見送ったのだった。

それからアナグマたちの姿も見えなくなった。

こうして、**私とアナグマたちとの交流も終わりを告げた**。疲れたけれど、いい夜だった。

さて、ここであらためて本章のタイトルを見ていただきたい（話はここで終わらないのだ）。

大学前の交差点でアナグマの家族と出合った話

N先生は見ていた!

となっている。

つまり、「N先生は見ていた!」のである。どの場面を見ておられたのかは知らない。

でも、数日後の、教授会か何かの会議だったと思う(こういうたぐいのことはすぐ忘れる)。

N先生は、比較的若い経済が専門分野の女性の方である。そのN先生が、会議の始まる前か休憩中に、私からちょっと離れた席に座って、何人かの女性の先生たちと雑談をしておられた。

私は、なんとなく私の名前が出たような気がして**耳をそばだてた。**

すると次のような内容の会話が聞こえてきた。

夜、小林先生が大学の前の道路のわきにずっと立って何かを見ていた。きっと何か動物がいたにちがいない。不思議な光景だった。

そうですよ。**見ていたんですよ、アナグマを。**

そうでしょうよ。**そりゃあ不思議な光景だったでしょうよ。**

〝深夜〟と言ってもよいくらいの時刻だ。

そこに立ちつくしたまま、きっと、生垣か道路のほうをじーっと見ていたのだろうから。

そーか、N先生に見られたか。

そりゃあそういうことも当然あるわな。なにせ大学のすぐ前だものな。


あのときのアナグマたち、元気にしているかなー。

何匹かの顔がふっと浮かんできたのだった。


コレデホントニオシマイ。

オーストラリアのフルーツコウモリ

国を超えて
相互理解を深める貴重な時間をもったのだ

昨年、三月はじめのことだ。

私は、学生たちが短期留学しているオーストラリアの大学を訪ねた。ゴールドコーストだ。大学間提携についての話や、学生たちが体験しているフィールドワークの見学といった**シ・ゴ・トをするために、である。**

私は、出発日の半月ほど前からどうにも体調がすぐれず、気が重い出張だったのだが、さらに、妻が調べてくれた、シドニーの空港での入国手続きについての情報が気を重くした。オーストラリアやニュージーランドは、入国のとき、生物（細菌も含めて）に関するチェックが厳しいことは知っていたが、オーストラリアの入国カードの質問のなかには次のような項目が含まれていた。

「過去三〇日以内に家畜と接したり、農場、荒野地域、淡水の川／湖などに行きましたか」

次の言葉は、そのような入国カードの質問項目を妻から聞いたとき、**私の心が発した声である。**

「家畜と接したりしましたか？　**私を誰だと思とんじゃ。**体調が悪いとはいえ、ヤギにはさわりまくっとったわ！」

「荒野地域や川に行きましたか？　**私を誰だと思とんじゃ。**体調が悪いとはいえ、山にも川にも何回も行ったわ！　三〇日間も山へも川へも行かなかったら、私は死んでしまうだろうが！」

　少し冷静になって説明しよう。

　ヤギについてはもう言うまでもない。さわりまくっとったわ！　………で、終わりだ。

山については、積雪のなか、ＹｒくんやＹｓくんと道なき道をかき分けて、山の斜面を登り、コウモリの棲む洞窟（廃坑）に何回も行った。もうそれで十分だろう。

川については、………ちょっと長くなるが、たくさんあるうちの一つをお話ししたい。

　二月のある日、県庁の環境生活部のＯさんからメールが届いた。

「中部総合事務所の県土整備局が三朝町《みささちょう》 加茂川のゴム堰を倒したら大量に出てきたとのことです。スナヤツメでしょうか？」

　次ページのような写真が添付してあった。

私はすぐ、返事を書いた。

「スナヤツメに間違いありません」

スナヤツメは「顎《あご》の骨がない（つまり顎がない）」という、地球に魚類が現われたころの、いわゆる原始的な特性をいまだに保持している魚類だ。

幼生の時期から〝変態〟して成体になるという、とても変わった性質をもっている点もこの魚の特徴だ。

孵化《ふか》した幼魚は、「アンモシーテス幼生」と呼ばれ、三年間ほどは砂のなかにもぐって暮らす。アンモシーテス幼生の時期は、目が皮膚の下に埋没した状態（つまり目がない状態）で過ごし、変態後には、大きな目が体表へしっかり

県庁の環境生活部のOさんからのメールに添付されていた写真。
「これはスナヤツメでしょうか？」

と現われる。その目が、目の位置から尾に向けて七つある鰓穴《えらあな》（目のように見える）と合計されて〝ヤツメ〟となるのだ。

変態は鳥取県では一〇～一一月ごろ行なわれ、その後、成体は何も食べない。消化器官は、消化の働きができないくらい縮小しているという。その状態で繁殖期の春をじっと待つのだ。

春には、成体のスナヤツメが、流れが穏やかで浅い水場を求めて、広い川から支流へと入っていき、上流へ上流へと上り、複数個体の雌雄が群れるようになりながら小石の間へ卵を産みつける（産卵後、成体のスナヤツメは死んでしまう）。

こんな生活史をもつスナヤツメも、近年、繁殖したり、幼生が育ったりできる水場が工事な

スナヤツメは地球に魚類が現われたころの、原始的な特性をもっている魚だ。名前の“ヤツメ”は、目と７つの鰓穴からきている。右下の、鰓の部分が赤い小さめの個体が幼生だ

どでどんどん減少し、日本中で緊急の絶滅危惧種になっている。

そんな背景もあって、私は鳥取県の東部で、幼生が生息できる水場の創出活動を行なってきた。


さて、Oさんからのメールの話にもどるが、スナヤツメは、幼生でも見つけることはなかなかできない。それが成体となるといよいよ出合う機会は少なくなる。

だから私にとって、Oさんからのメールのなかの、**「ゴム堰を倒したら大量に出てきた」という一文がとても気になった。**

なんで成体がそんなにうようよいるのか？ 繁殖場所を求めて支流を上る成体た

Oさんからスナヤツメの成体が大量に出てきたというメールがあったゴム堰。空気を抜くとゴム堰は平たくなり、水が文字どおり堰を切って流れ出す

ちが、ゴム堰（前ページの写真）で、それ以上進めなくなり「大量に出てきた」のか？
それともまさにその場所で、雌雄の産卵行動が行なわれていたのか？
もちろん私は、Oさんからそのゴム堰の場所を聞いて、行ってみることにした。

すごかった。

どうすごかったのか………などについて話しはじめると、またまた長くなるので、それはまたの機会に譲る（どうも、話が、オーストラリアのフルーツコウモリとは別なところに進んでいるようで………）。

私が言いたかったことは、このようにして、オーストラリアに入国する三〇日以内に、**ガッツリ、川に行った！** ということだ。

しかたない。

「過去三〇日以内に家畜と接したり、農場、荒野地域、淡水の川／湖などに行きましたか」という質問には、三重丸くらいをつけるしかないだろう。

今さらじたばたしたって………しかたない（もし止められて何か聞かれたら、正直に、かつ巧みに、あなたの国にとって問題のある生物など私の体にはついていない、と主張するしかない)。

ただし、妻の助言で、空港を通過するときは、ヤギや山や川を感じさせない、シティーっぽい恰好をしていくことにした。靴は新たに一足買ったのだ。いかにもヤギや山や川を感じさせない靴を(どんな靴じゃ)。

さて、場面はオーストラリア!(ということは、もちろん私の見事な作戦がずばり功を奏したということだ)

私は、滞在中(五日間)泊めてもらった、学校の先生をされている女性とお連れ合いのお宅の、プールサイドでお二人と一緒に夕食をとっていた。

二人とも日本に大変興味をもっておられ、次から次へと質問をされ、毎日とても賑やかな楽しい食事になった。

そんなときである。ふと空を見上げると、なんと、薄暗くなった夕方の空を、**三匹の大きなコウモリ(!)**が上下左右にもつれあいながら、ゆったりと飛んでいるではないか。

もちろん私は席を立ち、**そのコウモリたちをじ――っと見つづけた。**やがてコウモリたちの姿は小さく小さくなっていき、遠くの空の暗闇に消えていった。

当然、席にもどった私は、お二人に説明をしなければならない。それが礼儀というものであり、同時に、喜びというものだ。

そのコウモリが、私が日本で調査しているユビナガコウモリやキクガシラコウモリなどとは、系統的に大きく異なった大型のコウモリ（果実を主食にしているので〝フルーツコウモリ〟とか、顔がキツネに似ているので〝キツネコウモリ〟とか呼ばれる）であることは、もちろんわかっていた。だから、私はお二人に、日本のコウモリについての話もしなければならない（つまり、お二人は日本のコウモリについて、私から結構な長さの話を聞かなければならないわけだ……お気の毒に）。

さらに、話題が、さっき私が見たフルーツコウモリについての話に移ったとき、お二人は私から、いろいろな質問を受けることになる。

「このあたりでコウモリはよく見かけるのか」とか、「この近くにコウモリが集まる木はないか」（フルーツコウモリは大きな木に集まって、コロニーをつくって休息するのだ）、「この近くに実がなる木はないか」………。

結局、わかったことは、**あまりお二人がフルーツコウモリについて関心はない、**ということ、そして、フルーツコウモリは家の近くを時々飛んでいる、ということだった。

だったら**独力で調べるしかない。**

フルーツコウモリはたいてい、集団で大きな大きな木をねぐらにして生活している。もしかしたら、近くにそのねぐらがあるかもしれない。

私は、次の日の朝、早く起きて、コウモリたちが飛んでいった方角に行ってみようと心に決め、眠りについたのだった。


朝、目覚めたとき、外は夜明け前、といった様子だった。鳥たちのさえずりがとても賑やかだった。

私は家を出て庭を通りぬけ、敷地の門のドアをあけ、昨夜フルーツコウモリたちが飛んでいったほうへと道を歩き、道からはずれて草の斜面を下り、野生のツカツクリ（キジの仲間）を驚かせながら、**黙々と進んでいった。**

やがて私の「フルーツコウモリたちにもう一度だけ会いたい（できればコロニーを見たい。可能であれば数匹と間近でふれあいたい。写真を撮って自慢したい……）」という、**ケガレのない純粋無垢な思い**が通じたのか、前方に大きな池が見え隠れし、コウモリの声らしきものが賑やかに聞こえてきたのだ。

そして木々をかき分けかき分け進むと……。

いた！　あった！

たくさんの個体が枝からぶら下がったり、樹冠を飛び交ったりする、フルーツコウモリのコロニーが。

フルーツコウモリの多くは、キクガシラコウモリやユビナガコウモリなどの小型のコウモリとは異なり、大きな目で外界を認知し（超音波による外界認知は行なわない）、日中でも夜でも活動するのだ。

私は野生動物に近づくときにはいつもそうするように、自分の気配を消し、水面を流れる木の葉のように自然に自然に歩を進めていった。

ところがだ。

オーストラリアのフルーツコウモリは、はじめて日本人を見たからだろうか、何やらざわざわしてきた。飛び立つ個体や、**果実を食べるのをやめてこちらをにらみつける個体**などが増えてきたのだ。

その結果、何が起こったか？

昨夜フルーツコウモリたちが飛んでいった方向へ、木々をかき分けかき分け進むと……いた！　たくさんのコウモリが樹幹を飛び交っていた

ついに、木の枝からぶら下がっているたくさんのフルーツコウモリを発見

なんと、私のすぐそばに、コウモリたちが口から離した果実が落ちてくるではないか。

私はそれが一種の**天敵への威嚇行動のように思え、**ある意味で、とても興味深い事態を体験できたことを非常に喜んだのだ。

私の知るかぎり、そんなパターンの威嚇行動をするコウモリは報告されていない。**ひょっとしたら新発見かもしれない、**と思ったのだ（ただし、今でも、それが新発見の威嚇行動かどうかはまだわからない）。

やがてフルーツコウモリたちは一匹残らず木から飛び立ち、頭上はコウモリの飛翔の雲になった。

このようにして、私とオーストラリアのフルーツコウモリたちとの出合いは、国を超えて相互の理解を深める貴重な成果を残して幕を閉じたのだった。

えっ、それだけ？　………とは言ってはいけない。思ってもいけない。

コウモリたちは何やらざわざわしはじめ、果実を食べるのをやめてこちらをにらみつける個体が増えはじめた。そして、私のすぐそばにコウモリたちが口から離した果実が落ちてきたのだ

モモンガの棲む森での
ゼミ合宿と巣箱の話

私はニホンモモンガの調査を鳥取県智頭町《ちづちょう》芦津《あしづ》の森で行なっている。もう七年目になるが、それはもういろいろなことがあった。

学生実習やゼミの合宿、モモンガエコツアーもそこで行なってきた。

まずは、**〝失敗〟というキーワードで思い出す**、ゼミ合宿にまつわるいくつかの事件についてお話しさせていただきたい。

何度思い出してもとても懐かしく、自然に頬の筋肉が緩んでしまうのだ。

一つは、第二回「学内駅伝」大会と、そのあと行なった合宿での話だ。

まずは、**「学内駅伝」大会**から。

〝第二回〟ということだから、当然第一回があったはずだ。確かに第一回「学内駅伝」大会はあった（でもその開催を私は知らなかった。終了して数カ月後に知った）。

キャンパス内の、大学の建物を囲むようにつくられている道路を各チーム（一チーム五人）が走り順位を競うのだ。

一番目から四番目までが走る長さは、それぞれちょうど一周＝約一・二キロメートル。そして五番目のアンカーは二周走る。女性が走ると三〇秒タイムが短縮される。

そんなルールだ。

陸上部が運営し、いろいろなサークルや有志のグループがチームをつくって参加したのだが、第一回「学内駅伝」大会では三〇歳を超える男性のチーム（三〇代の男性が四人、四〇代の男性が一人）が一つあったという。それは学務課の若手を中心につくられた事務局チームだった。

私はその話をあとで聞いて思ったのだ。

どうしてもっと教員にも届くように宣伝してくれなかったのだ。そんな大会があったのなら、当時私が所属していた環境マネジメント学科で、**チームをつくって参加したのに！**

もちろん私はすぐに次回（つまり第二回の）「学内駅伝」大会をめざして、〝環境マネジメント学科〟チームの結成を考えはじめた。頭のなかには選《え》りすぐりのメンバーの名前がすぐに浮かんできた。

若手でスポーツマンのS先生。サッカーの経験があり自転車通勤などでそのスタミナが知れわたっていた中年のA先生（あるとき私が標高八〇〇メートルの山中でニホンモモンガの調査をしていたら、山道のほうから名前を呼ばれた。振り返ると、自転車でそこまで登ってこられたA先生の姿があった）。私と同じくらいの晩期中年だが運動神経抜群のN先生。ご年配だがフルマラソンにも参加されていたスーパーオールドランナーのM先生。そして、大会ではアンカーを走り、学生たちにいいところを見せたいという**邪心の塊の私、**以上の五人だ。

「思ったらすぐ実行（せずにはおれない）」をモットーとする私は、さっそくそれぞれの研究室をまわって参加のお願いをした。

大会が次の年で現実感も希薄だったこともあったのか、**みなさん二つ返事でOK**してくださった。

ただしN先生はちょっと難色を示され、「いやー、ぼくは瞬発力のスポーツのほうだから……」みたいな感じだった。確かにそのころN先生は、ゴルフやテニスといった瞬発力がより重要なスポーツをされていた。でもそこは懐が深く気のいいN先生の性格をよく知っていたので、「まーまーそう言わずに。先生はチームの精神的な柱ですから」とかなんとか言って押しきった。

さてメンバーはそろった。

私は**ひそかに自宅の近くで夜のトレーニングを始めた。**

五〇〇メートルくらいの距離をゆっくり走った。最初のころはそれがいっぱいいっぱいだった。でも走る力はどんどん伸びていくという**自信はあった。**じつは中学生のころ（小さな学校だったが）長距離では一目置かれていたのだ。つまり**素質はあるにちがいない、**と思っていたのだ。

ちなみに、トレーニングを始めて数日たったころ、「起伏もある大学の〝一周〟、いったいどんな感じなのだろうか、経験しておきたい」と思い、学生たちの姿もまばらになったころ（つまり夜）を見はからって走ってみた。

途中からだんだんと苦しくなりはじめ、**最後はホント死ぬかと思った。**

何とか走りきり、学生たちがいるゼミ室に行った。人恋しかったのかもしれない。立っていることができず椅子を並べて仰向けになった。すると汗が滝のように出てきた（滝のような汗、とはそれまでに何度も聞いていたが、実感したのははじめてだった）。学生たちが驚いて、**「先生、何をしてきたんですか」**と真剣に心配してくれた（多分）。

でも、これくらいのしんどさ、アンカーで、学生たちの声援を受けながらゴールするという野望に比べれば軽い、軽い。

〝一周〟の感じもわかり、大会のリアルなイメージもわいてきた。あとは練習あるのみだ。

黙々とトレーニングを続けた。

ところが、**世の中は残酷なものだ。**

正月が終わり、時が過ぎ、大会の季節が近づいてきたころ、陸上部の部員から知らされたのだ。

「今年は大会はありません」（なんでも学校の臨時の行事が入り、キャンパスが使えないからだという）

私は、**「はっ？」**と返事するのが精一杯で、体中の力が抜けていった。

こうして私の野望はもろくも消え去ったのだった。

そして月日は流れ（それはそれは長い年月だった）、ある日……大会の開催が告知されたのだ！

もちろん私は忘れていなかった。心の奥深く、そっとしまいこんでいた思いを。

また先生方に声をかけようか、と思った矢先、ある情報が耳に入ってきた。

衰えを見せないスーパーオールドランナーのM先生が、ゼミ生と一緒にチームをつくるというのだ。それもまーいいだろう。それなら私も、**今度はゼミでチームをつくり競うしかない。**

数人の学生はすぐに承諾してくれた。数人の学生はしぶしぶ承諾してくれた。そして**チームコバゼミは誕生**し、私は今度こそ、今度こそ、アンカーとして、ひょっとしたら何人かの学生を抜いてゴールするかもしれない自分の想像の姿に酔いしれながら、トレーニングに励んだのだった。かなり自分を追いこんだと思う。

で、結果はどうだったか？

むーっ、聞いて驚くなかれ。

私は大学の多忙な仕事のなかでハードなトレーニングを続けたせいか、大会二日前から体調をひどく崩し、出場できなかったのだ。

私に頼まれてしぶしぶ参加を決めてくれ、練習してきた人には大変申し訳なく思っている。私の出場中止を聞いて**「えーー」**だった。当然だろう。私も**不運を呪った。**明らかに体調管理に関する私の失敗である。

でも私のかわりに急遽、Aiさんが走ってくれることになった（突然降りかかった災難を受け止めてくれたAiさんには感謝している）。みんなも懸命に走ってくれた。結果は一二チーム中九位だった。

ちなみに、私が出場をやめたのには次のような理由もあった。

大会のあと（大会は午前中だった）、一泊二日で芦津にゼミ全員で合宿に行こう、と計画していたのだ。もし私が無理をして走れば、合宿に行けなくなることは明らかだった。

そして、その日の午後、われわれは合宿に向かった。

二日間の休養で私の体調もどん底から抜け出し、気持ちのよい合宿になった。

ただし、そこでもちょっとした失敗が私を待っていたのだ。

合宿では、洞窟のコウモリの調査をしたり水

ゼミ生たちと行った芦津での合宿の一場面。２日間休養したので私の体調もどん底から抜け出していた

生動物を調べたりして、楽しい時間を過ごした。
写真は合宿の一場面である。下の写真のメンバーが、駅伝を走った面々だ。

合宿二日目の昼のことだった。

合宿での食事のメニューは決まっていた（私の好みだった。みんなもうしかたないとあきらめていた）。

一日目の夜は地元の人との交流会バーベキュー、二日目の朝はサンドイッチ（トマト、レタス、チーズ、ツナなどを好みに応じて食パンにはさむ）とコーヒー、二日目の昼は谷川の岸辺の広場で、各自が持ってきたレトルトカレーを鍋で温め、朝炊いて炊飯器ごと持ってきたご飯にかけて食べる。

私は以前、**そのレトルトカレーを忘れるとい**

学内駅伝大会に出場した５人。言い出しっぺの私は体調不良で参加できず、かわりにAiさんが走ってくれた

う苦い思いを味わっていたので、それからは注意して注意して忘れないようにしていた。それどころか忘れる学生がいるかもしれないと思い、三、四人分用意して持ってきていた。

そのときも三人分ほど余分に持ってきていた。

Ｓｉくんの「鍋で温めるので出してください」との指示に、私も元気よく**「ホーーイ」**みたいな感じで**ザックから箱入りのレトルトカレーを取り出した**のだが、箱を開けて**中身を取り出して驚いた。**

入っていたのはレトルトカレーではなく、単なる〝カレーのルー〟だったのだ。

大きさといい、表面の図柄といい、レトルトカレーとルーの箱はよく似ていたので間違えたのだ。

誰かが、どうしようか思案している私を見て、**「先生、それルーじゃないですか」**と言った。

（そんなこたぁわかっとる。だから困っとるんだろうが！）

「それを温めて食べるんですか」………だんだんと学生たちが集まってきた。

「そうだ食べるんだ。絶対食べてやる」と、いきがってはみたものの、結局は、みんなからレトルトカレーを少しずつ分けてもらうことになった。

〝少しずつ〟も、集めてみると一人分より多くなった。自分が情けなかったが、まー私らしいと言えば私らしい。

さて、合宿にまつわる失敗の話はちょっと横に置いて、モモンガの巣箱の話をしたい（やがて〝合宿〟と〝巣箱〟とはがっちりつながるのだ………）。

目下、ゼミ生が卒業研究で、モモンガの巣箱を使って取り組んでいるテーマは二つある。

一つはNくんがやっている**「巣箱を使ったニホンモモンガの生息分布域の推定」**だ。

それまでの調査の経験から、鳥取県東部においてはニホンモモンガは少なくとも標高四〇〇メートル以下の林には生息しない、という感触をもっていた。でもそれはあくまで感触であって、実際にはどうかわからなかった。

もし、ニホンモモンガが生息する標高の最低値がだいたいわかれば、地図上で等高線にそって線を引けば、ニホンモモンガのおおかたの生息域の予想ができるはずだ。

一方、芦津の地元の方からは、よく次のような質問を受けることがある。

「モモンガはどのあたりまで棲んでいるんですか？」

「芦津には何匹くらいいるんですか？」

まー、誰でも聞きたくなるところだろう。

私がNくんに「巣箱を使ったニホンモモンガの生息分布域の推定」というテーマを勧めた背景には、そういった理由もあった。

芦津の周辺には、沖ノ山《おきのせん》とか氷ノ山《ひょうのせん》とか扇ノ山《おうぎのせん》といった一〇〇〇メートルを超す高さの山があり、それらは谷で仕切られている。

だからもしニホンモモンガが標高四〇〇メートルより上に生息するのなら、次ページの写真のように、山ごとに、標高四〇〇メートルの等高線を境界にしてニホンモモンガの生息地がそれぞれの山の上部に孤立するようにして存在していることになる。

それを、それぞれの山の、さまざまな標高の場所の

巣箱を、モモンガの生息分布域の調査のために、さまざまな標高の場所の木に設置した

芦津渓谷の周辺には 1000m を超す山がいくつかある。もしニホンモモンガが標高 400m より上に生息しているなら、山ごとに等高線を境界にして（○印）孤立するようにして生息地が存在していることになる

木に巣箱をつけることによって調べようというわけだ。

生息分布域がわかれば、芦津一帯のニホンモモンガの数もおおよそは予想できるはずだ。

Nくんとの、巣箱をかけてニホンモモンガの生息状況を探る調査は、空間的にも時間的にも長丁場になるだろう。Nくんだけの卒業研究で終わることはなく、数世代のゼミ生がかかわることになると思う。でも実態がわかってくれれば、**興味深い知見が得られるにちがいない。**

ちなみに、巣箱による調査からニホンモモンガの生息を判断する場合、「もし生息していたら少なくとも一年以内には巣箱の点検の際に、ニホンモモンガ自身か、あるいはニホンモモンガの巣材が見つかる」という基準で判断する。それはこれまでの経験から導き出した判断基準だ。

また、ニホンモモンガとヒメネズミ、ヤマネ、カラ（シジュウカラかヤマガラ）の巣は見た目でほぼ確実に区別できる。次ページの写真のように、モモンガの巣材はほぼ例外なくスギの樹皮を細かく裂《さ》いたものだ。ヒメネズミは、その巣箱の近くにある植物の葉（ミズナラやブナの場合が多い）をそのまま使う。ヤマネは、スギとコケの両方をまぜて使う場合がほとんどである。シジュウカラやヤマガラは、コケを中心に、そこに獣毛（おそらくシカやイノシシの

巣材は動物によって異なっている
ニホンモモンガはスギの樹皮を細かく裂いたもの（左上）、ヒメネズミは巣箱の近くにある植物の葉（右上）、ヤマネはスギとコケの両方をまぜて使用し（左下）、シジュウカラやヤマガラはコケを中心に獣毛をまぜこむ（右下）

毛）をまぜこむ。

それぞれの動物が、それぞれの特徴をもった巣材を使う理由も興味深いところで、私も何回もの調査の経験をふまえていろいろな仮説をもっている。

長くなるのでここではお話ししないが、とにかく**巣材の準備に一番手間ひまかけるのは………、それはニホンモモンガ**である。それには、「巣材は一年中使い、冬も地上の高い場所（寒い！）にある巣のなかで過ごす」という事情が関係していると思われる。スギの樹皮を細く裂いてつくった巣は、保温効果や防水性に特に長《た》けていることが、私自身の実験から明らかになっている。


一方で、**一番手間ひまかけないのがヒメネズミ**である。

ヒメネズミの場合、使うのは子どもを産む秋だけなので、あまりエネルギーを費やさないのだと考えられる。そこここに**動物たちの経済学**が見てとれるのだ。イヤホントニ。


さて、もう一つ、ゼミ生のOさんが卒業研究で巣箱に関して行なっているのは、**「ニホンモモンガは、なかがどんな形態の巣箱を好むのか、**また捕食者のニオイがついた巣箱をどれほど避けようとするのか」といったテーマだ。

そういうテーマの研究を始めるきっかけの一つは、「智頭町の町長さんの山の木で、**幹に開いていた穴（樹洞と呼ぶ）に子どものモモンガがいた**」という連絡であった。

連絡してくださったのは芦津での合宿などでいつもお世話になるAyさんだった。

Ayさんの話では、その巣があった木は、巣の部分を切りとって持ち帰り、町長さんのご自宅に置いてあるということだった。

私はさっそく町長さんのご自宅に行き、その木を見せてもらった。

木は「キハダ」（幹の内部の色が黄

「智頭町の町長さんの山の木の幹に開いていた穴に、子どものモモンガがいた」と聞き、その木をさっそく見せてもらった

色なのだ）と呼ばれる木で、いかにもニホンモモンガが好きそうな穴が開いており、なかは、思ったより細長い空洞（直径約一五センチ）が下のほうまで（六〇センチほど）続いていた。おそらく最初はキツツキが開けたのだろうが、その後、木の成長とともに空間は拡大していったのだろうと推察された。

その穴を見て私は思ったのだ。

ああ、ニホンモモンガはこんな穴をねぐらにし、子どもを産んでいるのか。これくらいの細さ、深さのほうが、外敵からの防御には適しているのかもしれない。こういった巣穴を利用することで、ニホンモモンガは深い深い森のなかで生き残ってきたのか。

そして次に思ったのだ。

私はこれまでニホンモモンガが好みそうな巣箱を試作してきたが、どうも**方向性を間違っていた。**今回、実際にニホンモモンガが利用している巣が入手できたのだから、これを機に、ニホンモモンガが最も好む巣の形状がどんなものなのか、実験的にしっかり調べてみようか……と。

そんなときである。Oさんが私のゼミに所属することが決まり、卒業研究について相談を始めたのは。

Oさんはリス類が好きで、卒業研究はリス類について行ないたいと言った。

私はいろいろ思案して、ニホンモモンガの巣の形状の嗜好性《しこう》（つまり先にお話しした内容）を調べたらどうかと提案した。Oさんもそれを了承し、話は決まった。

ちなみに、当時、帯広畜産大学におられた鈴木圭さんたちは、北海道のタイリクモモンガ（ニホンモモンガとよく似た習性をもつと考えられている）が利用する巣の特性について、たとえば、入り口が直径五センチ程度の樹洞を好むことなどを報告されていた。しかし少なくともニホンモモンガでは、入り口の大きさも含めた巣の形状の嗜好性について調べられたものはなかった。

ポイントは、「細さと深さ」だと考えた私は、Oさんにそのことを話し、まずは次のような巣箱をつくることにした。

縦・横・高さの比率は同じで、大きさが異なる三種類の巣箱、そして、縦・横の長さは同じで、高さ（深さ）が異なる三種類の巣箱である。

Oさんは、木工室のAnさんに手伝ってもらい、スギの板でこれらの巣箱をつくって、大学の林にあるモモンガの大きな野外ケージの柱に取りつけた。野外ケージは七メートル×五メートル×高さ二・五メートルで、自然の木々をそのまま取りこんで、なるべく自然に近い状態にしてある。

それから、野生で捕獲されたニホンモモンガをケージに一匹放し、どの巣箱に入るのか、その選択は持続するのか、巣材は持ちこむのか……などなどを、一週間ほど毎日調べた。全部で四個体のニホンモモンガについて、同様の実験を行なった。

その結果、四個体すべて、ほぼ例外なく、縦一一センチ、横一一センチ、深さ三五センチ（設置したなかでは最も深い）の巣箱に入りつづけたのだった。

次ページの写真は、お気に入りの巣箱に入っている、日中の（ニホンモモンガは基本的には夜行性）ニホンモモンガの姿である。

右はまだ巣材を持ちこんでいない状態の個体。

大学林に設置したモモンガの野外ケージの柱に、試作した６種類の巣箱を取りつけた

左はスギの樹皮繊維を巣材として持ちこみ、それにくるまって眠っている個体。

ニホンモモンガが**日中どんな格好で休んでいるかがよくわかる貴重な写真だ。**

野外ケージでの実験のあとは、野生の生息地での実験である。

芦津渓谷の森の木に六種類の巣箱を設置し、定期的にチェックするのである。

現在、一回目のチェックで野外ケージの場合と同じ結果が得られている。

ちなみに、ニホンモモンガが比較的せまくて深い巣穴（巣箱）を好む理由の一つとして「ヘビなどの捕食者からの防衛」という効果が考え

お気に入りの巣箱に入っている日中のモモンガ。右はまだ巣材を持ちこんでいない個体、左は持ちこんだスギの樹皮繊維にくるまって眠っている個体

られる。そこでOさんは、ニホンモモンガの巣の形状の好みの研究と並行して、**巣穴内のニオイに対する反応**も調べている。

ヘビ（アオダイショウ）の飼育容器のなかに五日間入れておいた軍手と新しい軍手を、同一形状の別々の巣箱の底に置き、モモンガがヘビのニオイつき軍手が入っている巣箱を避けるかどうかチェックするのである。

まだ野外ケージだけでの、二個体のみの結果だが、二個体とも一週間の実験期間中、前者の巣箱のみに入り、後者のニオイつき軍手の巣箱にはまったく入らないことがわかった。

さて、**この実験はどう発展していくのだろうか。**

野外ケージでの実験のあとは、野生の生息地で実験だ。芦津渓谷の森の木に６種類の巣箱を設置した

では最後に、昨年の冬、卒業式を間近にしたゼミ生たちと行った合宿にまつわる話をして本章を終わりにしよう。

大学最後のゼミの思い出にと、雪の芦津に行ったのだ。巣箱も持って。

「どんぐりの館」に宿泊し、「ももんがの湯」に入り、翌日、モモンガの森へ向かった。

朝方降っていた小雪もやみ、標高が上がるにつれて厚みを増す雪のなかを、梯子《はしご》と巣箱を荷台に載せた4WDの軽トラは上っていった。学生たちを乗せたアウトドア車も順調について来た。

積雪がぐっと増える発電所の広場で軽トラはもう進めなくなり、アウトドア車で梯子を引っ張りながらモモンガの森へ進行を続けた。

定期的に巣箱のなかをチェックする

次々に起こる**アクシデントに笑いが絶えなかった。**もちろん私は、常に注意を怠らず、学生たちの安全に集中していた。

やっと目的地の数十メートル手前までやって来たとき、**車は雪の多さに降伏した。**

梯子と巣箱、各自の荷物を持って**雪中行軍が始まった。**それからのことは詳しくは覚えていない。覚えていることは、巣箱に各自がマジックで絵やメッセージを書いて木に取りつけたこと、そして、**レトルトカレーを食べたこと……だ。**

学生たちの冴《さ》えたユーモアを、巣箱に描かれたメッセージのなかに感じながら、私自身も絵を描いた。レトルトカレーは寒さのなかでは温かさも加わって結構いける。

卒業式を間近にしたゼミ生たちとの雪の芦津での合宿。食事はもちろんレトルトカレーだ

「またあんた（小林）は、レトルトカレーで失敗したのだろう？」

と期待をこめて聞いてはいけない。

私くらいになると、三、四回失敗すると、**己《おのれ》を知って対策を立てる**ようになるのだ。

レトルトカレーは、私の分も含めてゼミ生に頼んでおいた。**スバラシイ。**


あとでわかったのだが、この最後の合宿の一部を学生たちは（私に知られないように）ビデオに収めており、卒業式のあとの大学全体の謝恩会で、お礼の（もちろん私への）言葉とともに流したのだ。

ほとんどのゼミでこういったビデオメッセージをつくるのが恒例となっており、そ

学生たちが思い思いに巣箱に絵やメッセージを書いた

の会でも多くのメッセージが流された。親ばかかもしれないが、**私のゼミの作品が一番よかった。**

私はビデオを見ながらメッセージの一つひとつにうなずき、ビデオのなかの学生たちの一人ひとりに**「元気でな。ありがとう」**と、心のなかで声をかけたのだ（ここだけ聞くと何やらとてもいい先生のように聞こえる。文章とは恐ろしいものだ）。

いったんこの合宿の話から離れて……、卒業式から二カ月ほどたったころ（五月の半ば）、私は、一般の人を対象にした、一泊二日の「芦津モモンガエコツアー」を行なった。

エコツアーでは、野生動物の保護に関する法律で、許可を得ていない人が野生の鳥獣を捕獲すること（手に持つことも含まれる）は禁じられているので、私がニホンモモンガの調査を行なう日に合わせ、私の調査を参加者が見学するという形をとっている。頭をなでたり、尻尾にさわったりするくらいなら問題ないが。

ちなみに、春のモモンガエコツアーでは、モモンガのほかに、たいていはヤマネやシジュウカラ、アカハライモリ、マルハナバチの女王などにも会える。

私が梯子を上って、樹木の幹の地上六メートル付近に設置した**巣箱のなかをそ――っとチ**

エックする。そしてもしなかにニホンモモンガの気配を感じたら、巣箱と幹を結びつけているシュロ縄をほどき、**巣箱ごと下に持って下りる。**それから巣箱は網の袋に入れられ、ニホンモモンガは巣から出されることになる。その後、性別や体重などを確認し、最後に、体にマイクロチップの検出器をあて、その個体の〝戸籍〟が確認される。前回どこそこにいた個体だ、とか、はじめて捕獲された個体だ、といった情報が得られるのである（はじめての個体の場合は臀部《でんぶ》の皮下に、固有の番号が記録されたマイクロチップが入れられる）。

そのようにして、いろいろな植生条件の区画に設置された巣箱を順次調べていく。

ある区画の巣箱のチェックを行なったときである。

梯子を上って巣箱にさわったとき、これは一匹以上のニホンモモンガが入っている、と確信した。**巣箱がズッシリと重い**のである。

木から離してゆっくり、宝物でも扱うように手に持って梯子を下りていく。

何段か下りたときであった。下で見ていたエコツアー参加者の一人が言った。

「巣箱に何か描いてある」

そう、わかっていますよ。その巣箱こそ、三カ月ほど前、ゼミ生たちが雪のなかで、記念のメッセージを描いて取りつけた巣箱だったのだ。

地面で巣箱を網袋に入れ、蓋を大きく開けてみると、なんと三匹のニホンモモンガが元気よく飛び出してきたのだ。そのうち一匹は新個体、二匹については、前回はほかの区画の巣箱にいた個体だった。

ゼミ生たちの心がこもった巣箱に何かを感じたのだろうか。その巣箱に引っ越してきたということだ。

いよいよ本章もほんとうの終わりにきた。

最後はやはり「失敗」で終わろう。

私は、合宿でゼミ生がメッセージを

卒業式から約２カ月たった５月の半ば、一般の人を対象にした「芦津モモンガエコツアー」を開催したとき、モモンガがあの巣箱に入っていた

書いた巣箱に、ニホンモモンガが三個体も入っていたことをブログに書いた。

ブログがめぐりめぐってやがて卒業していったゼミ生たちに届くことを期待して。そしてついでにブログに、卒業式の日、ゼミ生たちが私に贈ってくれたアウトドア用のポシェットと帽子のことも書いた。

そのブログは、理由はよくわからないのだが、アクセス数が二万を超えた。驚いた。

それで何を失敗したのか?と、読者のあなたは聞かれるかもしれない。

……**帽子である。**

ゼミ生たちが心をこめて贈ってくれた帽子を、

卒業生たちがかけていったメッセージつきの巣箱に入っていたモモンガたち。何かを感じて引っ越してきたのだろうか

使用しはじめて半年もたたないうちになくしてしまったのである。

どこで？　どこで！

とあなたは聞かれるかもしれない。

おそらくコウモリの洞窟のなかだ。

私が調べているコウモリの洞窟のなかには、細い穴が長く続くものがいくつかあった。そういう洞窟の調査では、体を伏せ、背負ったザックを壁に擦《こす》らせながら匍匐《ほふく》前進で奥へ奥へと進むのだ。

調査が終わって外へ出てみると、ザックのファスナーが動いて、ザックが半分近く開いていたということもある。

帽子は、そんなときにザックから外へ落ちた

卒業していくゼミ生たちが贈ってくれた帽子を、私はなくしてしまった。なんという失敗。きっとコウモリの洞窟のなかだろう

のではないか………それが最もありそうなシナリオである。

ニホンモモンガは細くて長い巣穴が好きであることがわかったが、私はそんな洞窟は苦手である。それよりなにより、みんなが贈ってくれた帽子をなくしたことは、結構な失敗である。学内駅伝の直前の体調不良に勝るとも劣らない失敗である。

著者紹介

小林朋道（こばやし　ともみち）

1958 年岡山県生まれ。

岡山大学理学部生物学科卒業。京都大学で理学博士取得。

岡山県で高等学校に勤務後、2001 年鳥取環境大学講師、2005 年教授。

2015 年より公立鳥取環境大学に名称変更。

専門は動物行動学、人間比較行動学。

著書に『絵でわかる動物の行動と心理』（講談社）、『利己的遺伝子から見た人間』（PHP 研究所）、『ヒトの脳にはクセがある』『ヒト、動物に会う』（以上、新潮社）、『なぜヤギは、車好きなのか？』（朝日新聞出版）、『先生、巨大コウモリが廊下を飛んでいます！』『先生、シマリスがヘビの頭をかじっています！』『先生、子リスたちがイタチを攻撃しています！』『先生、カエルが脱皮してその皮を食べています！』『先生、キジがヤギに縄張り宣言しています！』『先生、モモンガの風呂に入ってください！』『先生、大型野獣がキャンパスに侵入しました！』『先生、ワラジムシが取っ組みあいのケンカをしています！』『先生、洞窟でコウモリとアナグマが同居しています！』『先生、イソギンチャクが腹痛を起こしています！』（以上、築地書館）など。

これまで、ヒトも含めた哺乳類、鳥類、両生類などの行動を、動物の生存や繁殖にどのように役立つかという視点から調べてきた。

現在は、ヒトと自然の精神的なつながりについての研究や、水辺や森の絶滅危惧動物の保全活動に取り組んでいる。

中国山地の山あいで、幼いころから野生生物たちとふれあいながら育ち、気がつくとそのまま大人になっていた。1 日のうち少しでも野生生物との“交流”をもたないと体調が悪くなる。

自分では虚弱体質の理論派だと思っているが、学生たちからは体力だのみの現場派だと言われている。

ブログ「ほっと行動学」 http://koba-t.blogspot.jp/

先生、犬にサンショウウオの捜索を頼むのですか！

鳥取環境大学の森の人間動物行動学

2017年5月31日　初版発行

著者　小林朋道
発行者　土井二郎
発行所　築地書館株式会社
〒104-0045
東京都中央区築地7-4-4-201
☎03-3542-3731　FAX 03-3541-5799
http://www.tsukiji-shokan.co.jp/
振替00110-5-19057
印刷製本　シナノ出版印刷株式会社
装丁　阿部芳春

 ISBN978-4-8067-1538-2

大好評、先生！シリーズ

［鳥取環境大学］の森の人間動物行動学

小林朋道［著］

各巻 1600 円＋税

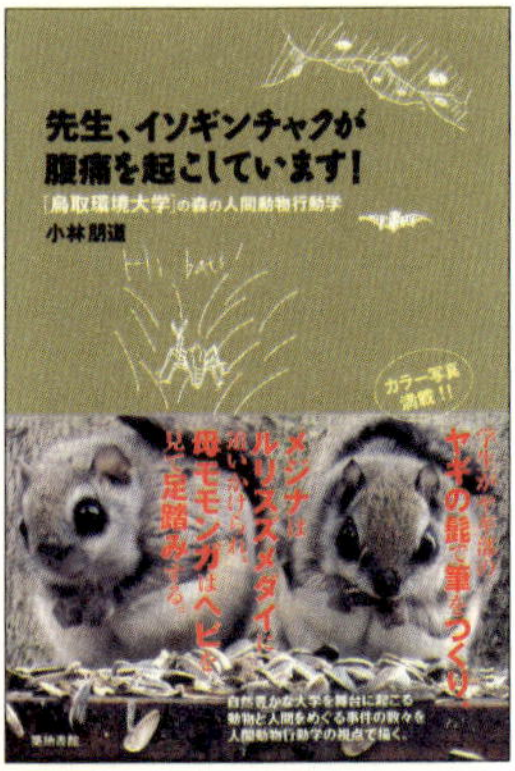

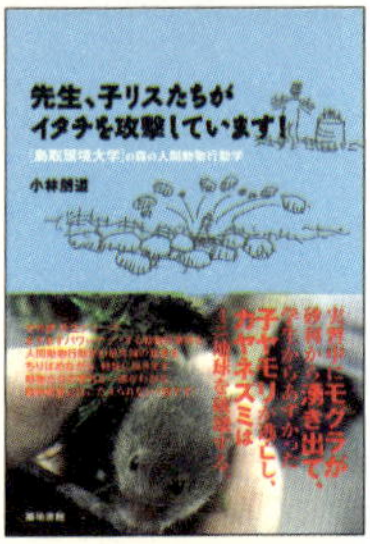

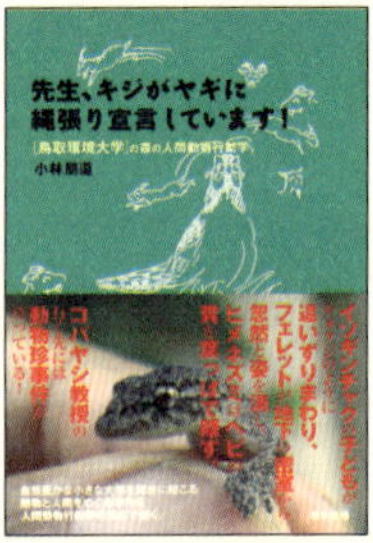